新时代新理念职业教育（技师教育）教材·铁道运输类
铁道运输服务、高速铁路乘务专业系列教材
校企“双元”合作开发教材

车站作业计划和工作统计

主　编　李殿学　许天生
副主编　周　昱

北京交通大学出版社
·北京·

内 容 简 介

本书依据教育部发布的职业学校专业教学标准、职业教育专业简介（2022年修订）等规范、文件进行编写，力图体现职业教育教学改革的新要求。本书共6个项目，分别为基础知识、货物列车及货车技术作业过程、车站班计划的编制、车站阶段计划的编制、货车统计工作、车站调车作业计划的编制。本书以职业岗位能力要求为主线构建知识和技能展现体系，内容精练、案例丰富、图文并茂，适合作为职业教育（技师教育）铁道运输服务、高速铁路乘务等铁道运输类专业的教材，也可作为铁路企业职工培训教材。

图书在版编目（CIP）数据

车站作业计划和工作统计 / 李殿学，许天生主编. —北京：北京交通大学出版社，2023.4

ISBN 978-7-5121-4932-8

Ⅰ. ① 车… Ⅱ. ① 李… ② 许… Ⅲ. ① 铁路车站–车站作业–计划②铁路车站–车站作业–统计 Ⅳ. ① U292.13 ② U292.14

中国国家版本馆CIP数据核字（2023）第059135号

车站作业计划和工作统计
CHEZHAN ZUOYE JIHUA HE GONGZUO TONGJI

策划编辑：刘　辉　　责任编辑：刘　辉
出版发行：北京交通大学出版社　　电话：010-51686414　　http://www.bjtup.com.cn
地　　址：北京市海淀区高梁桥斜街44号　　邮编：100044
印 刷 者：北京时代华都印刷有限公司
经　　销：全国新华书店
开　　本：185 mm×260 mm　　印张：10.25　　字数：254千字
版 印 次：2023年4月第1版　　2023年4月第1次印刷
定　　价：39.80元

本书如有质量问题，请向北京交通大学出版社质监组反映。对您的意见和批评，我们表示欢迎和感谢。
投诉电话：010-51686043，51686008；传真：010-62225406；E-mail：press@bjtu.edu.cn。

前言

随着职业学校专业教学标准、职业教育专业简介（2022 年修订）等规范、文件的发布，职业教育（技师教育）迎来了规范化发展的新阶段。铁路行业是关系国计民生的重要基础性行业，对于职业技能型人才有巨大的需求。本书的编写旨在促进铁路行业技能型人才的培养。

本书的编者由铁路企业的一线专家和职业院校的一线教师组成。编者对铁路车站工作的熟悉和突出的专业技能，确保了本书的编写质量。编者在编写过程中，根据职业教育教学改革的新要求，以职业岗位能力要求为主线构建知识和技能展现体系。

本书共 6 个项目，分别为基础知识、货物列车及货车技术作业过程、车站班计划的编制、车站阶段计划的编制、货车统计工作、车站调车作业计划的编制。本书适合作为职业教育（技师教育）铁道运输服务、高速铁路乘务等铁道运输类专业的教材，也可作为铁路企业职工培训教材。

本书由李殿学、许天生担任主编，周昱担任副主编。由于编者水平有限，本书难免存在不妥之处，恳请广大读者批评指正。反馈意见、建议，索取相关教学资源，请与出版社编辑刘辉联系（邮箱：hliu3@bjtu.edu.cn；QQ：39116920）。

编者

2023 年 3 月

目录

项目1

基础知识

任务1.1　铁路线路、站场设备

一、铁路线路

（一）铁路分类

1. 按轨距不同分类

（1）准轨铁路。准轨又称为标准轨距，即1 435 mm。一种观点认为，它来自古罗马的战车轮距；另一观点认为其由人为规定，1825年通车的世界上第一条营业铁路，英国的斯托克顿—达灵顿的铁路采用的就是1 435 mm轨距。我国大部分的铁路营业线均采用标准轨距。

（2）宽轨铁路。轨距大于准轨的铁路被称为宽轨铁路。一般认为轨距超过1 520 mm的铁路为典型的宽轨铁路，苏联（轨距多为1 524 mm）和东欧各国采用宽轨较多；印度、巴基斯坦采用1 676 mm的宽轨。目前世界上最宽轨距为2 133.6 mm。

（3）窄轨铁路。轨距小于准轨的铁路被称为窄轨铁路。日本采用1 067 mm轨距；中国铁路昆明局集团有限公司（昆明铁路局）管辖的昆明—河口铁路采用1 000 mm、个别地方采用726 mm轨距；还有一些国家采用726 mm、600 mm轨距。

2. 按区间正线数量分类

单线铁路：区间只设一条正线，上、下行列车共用该线。

双线铁路：区间设两条正线，上、下行列车按左侧行车制分开使用。

多线铁路：根据行车量的大小，区间正线的数量多于两条。

3. 按列车运行制式分类

客货混线：客运列车、货物列车共用区间正线。

客运专线：在区间正线上只运行客运列车，适合时速160～350 km客运列车运行。

（二）铁路线路

1. 铁路线路分界点

为完成客货运输任务，组织列车安全运行和保证必要的通过能力，铁路线路划分成区间或闭塞分区。将铁路线路划分成区间或闭塞分区的地点叫作分界点，它是列车运行的界限。车站、线路所和自动闭塞区段的通过信号机均为分界点，如图1-1所示。

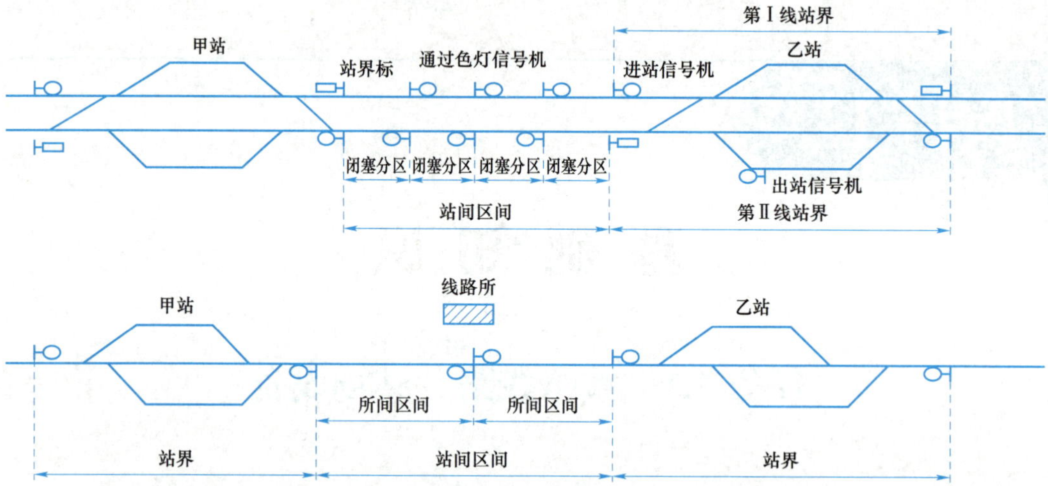

图 1-1　分界点示意图

2. 线路的分类

铁路线路分为正线、站线、岔线、段管线、安全线及避难线。

1）正线

正线是连接车站并贯穿或直股伸入车站的线路。连接车站部分的正线称为区间正线；贯穿或直股伸入车站部分的正线称为站内正线。

2）站线

根据运量大小及技术作业的需要，车站除铺设正线外，还应分别铺设的其他配线，称为站线。站线包括到发线、调车线、牵出线、货物线及站内指定用途的其他线路（其他用途线）。

到发线——供列车到达或出发使用的线路。

调车线——供列车进行解体或编组作业使用的线路。

牵出线——设在编组场或编组线群的一端，并与到发线相连接，专供列车解体、编组及转线等，作为车辆牵出使用的线路。

货物线——供货物装卸作业使用的线路。

其他用途线包括机车走行线、机待线、机车整备线、禁止溜放车停留线、驼峰迂回线、轨道衡线、倒装货物线、车辆洗刷线、工务小车线及车辆站修线等。

3）岔线

岔线又称专用线，是根据实际需要在区间或站内接轨，通向路内外单位的专用线路，如通往工矿企业、码头及货物仓库的线路。

4）段管线

段管线是指机务段、车辆段、工务段、电务段、供电段等专用并由其管理的线路，如机车检修作业时用的库线，车辆段进行检修作业的检修线等。

5）安全线

安全线是为防止列车或机车车辆从一进路进入另一列车或机车车辆占用的进路而发生冲突的一种安全隔开设备。其作用是利用设备将两条线路隔开，安全线的设置如图 1-2 所示。

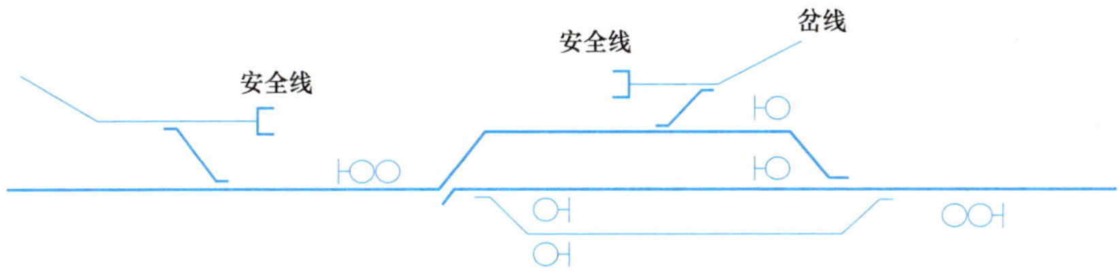

图 1–2　安全线的设置

6）避难线

避难线是在长大下坡道上能使失控列车安全进入的线路，防止在陡长的下坡道上列车失去控制或在陡长的上坡道上因车辆折钩而溜（闯）入占用的区间或车站，根据线路情况、车站作业性质、区间通过能力及失控列车进入避难线的最大速度等因素综合考虑，在进站端或接车线末端专设的一段线路。避难线应将接车方向设为上坡，长度应通过计算确定。避难线的设置如图 1–3 所示。

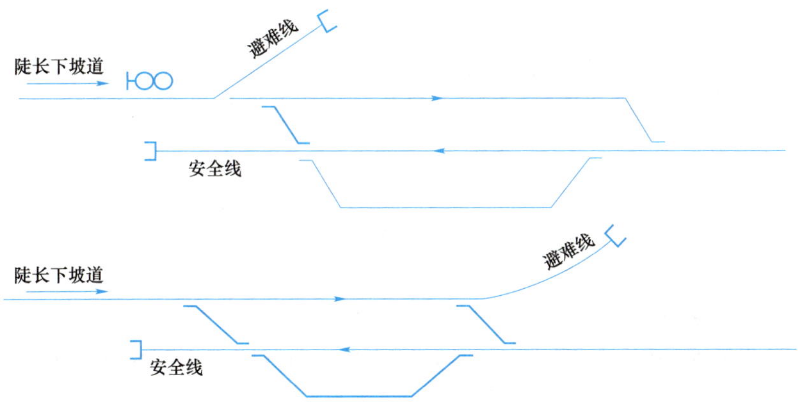

图 1–3　避难线的设置

（三）股道编号

站内每条线路（即股道）都有规定的编号或专用名词，正线用罗马数字表示，站线用阿拉伯数字表示。

（1）单线区段内的车站，从靠近站舍的线路起向远离站舍方向顺序编号；位于站舍左、右或后方的线路，在站舍前的线路编完后，再顺序编号。

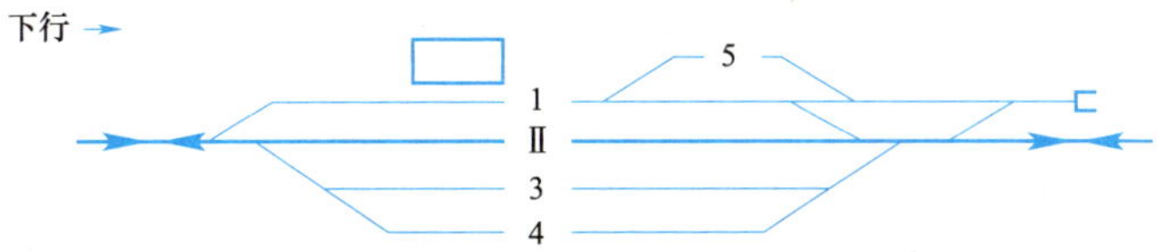

图 1–4　股道编号图 1

（2）双线区段内的车站，从正线起顺序编号，上行为双号，下行为单号。

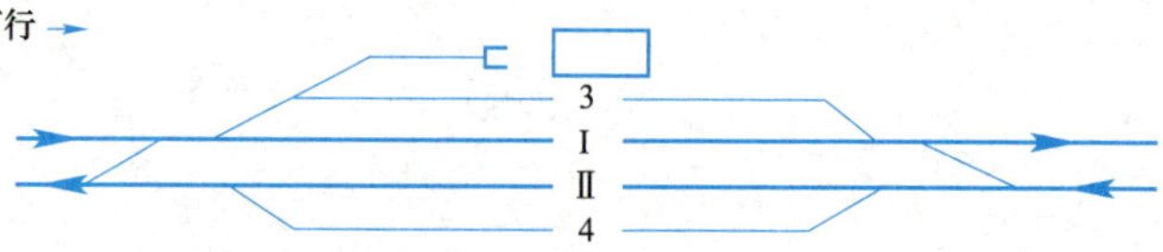

图 1–5　股道编号图 2

（3）尽端式车站，站舍位于线路一侧时，从靠近站舍的线路起，向远离站舍方向顺序编号，如图 1–6（a）所示。站舍位于线路终端时，面向终点方向由左侧线路起顺序编号，如图 1–6（b）所示。

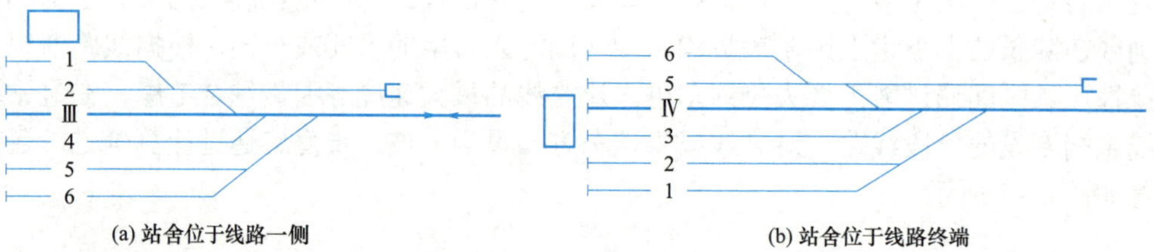

图 1–6　股道编号图 3

（4）当有数个车场时，大型车站应分车场编号。车场靠站舍时，从靠近站舍线路起，向远离站舍方向顺序编号。车场远离站舍时，顺公里标前进方向由左向右顺序编号。在线路编号前冠以罗马数字表示车场，如二场 3 道，写为Ⅱ3。

（四）线路长度

车站线路长度分为线路全长和线路有效长两种。

1. 线路全长

线路全长是车站线路一端的道岔基本轨接头至另一端道岔基本轨接头的长度。如果是尽头式线路，线路全长则是从一端的道岔基本轨接头至尽头线路车挡的长度。线路全长如图 1–7 所示。

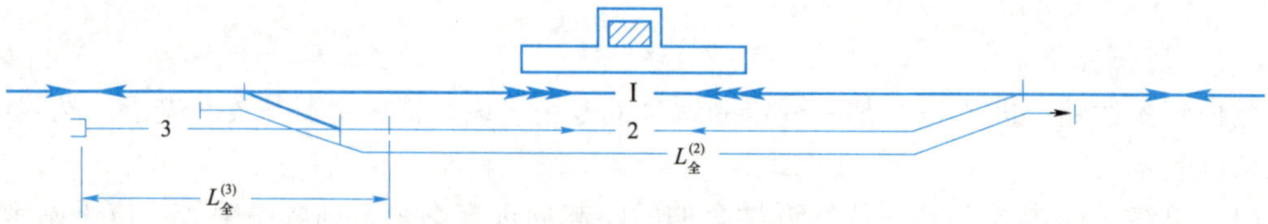

图 1–7　线路全长

2. 线路有效长

线路有效长是指在线路全长范围内可以安全停留机车车辆而不妨碍邻线列车及调车行车的最大线路长度。

计算线路有效长一般可按下述两种情况处理。

（1）未设出站信号机的线路，线路有效长为两警冲标（对向道岔尖轨尖端）之间的距离长度。如为尽头线，在顺向道岔时，线路有效长是警冲标至车挡的距离；在逆向道岔时，线路有效长是道岔尖轨尖端至车挡的距离，如图 1–8 所示。

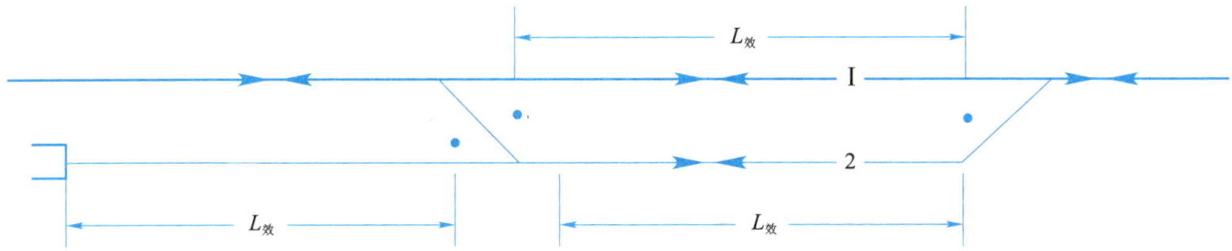

图 1–8 线路有效长

（2）设有出站信号机的线路的有效长。

① 无轨道电路。当设有出站信号机，但未装设站内轨道电路时，线路有效长为出站信号机至另一端警冲标或对向道岔尖轨尖端的距离。

② 有轨道电路。当设有出站信号机，并装设站内轨道电路时，如股道为单向进路时，其有效长为出站信号机至另一端轨道电路的绝缘节的距离；如股道为双向进路时，其有效长则为两架出站信号机之间的距离。

到发线有效长度系列分为货物列车和旅客列车到发线有效长度系列。

货物列车到发线有效长度系列为：1 050 m、850 m、750 m、650 m、550 m。

旅客列车到发线有效长度按旅客列车长度确定，其系列为：650 m、550 m。

3. 线路容车数的计算

容车数是在线路有效长范围内根据车辆换算长度，计算确定列车、车列或车辆能否停留在线路警冲标内方而不影响相邻线路的换算车数，是接发车、调车等行车组织作业的基础，其分为最大换算容车数和换算容车数。

计算容车数时，各车站应根据每一线路的用途，以及机车在线路内作业安全的需要，在线路有效长中减去必要的安全距离和停留车辆的合理间隔，针对不同线路，线路容车数计算方式如下。

（1）到发线容车数：

$$容车数（换长11\,m）=\frac{有效长（m）-机车长（m）-附加制动距离（30\,m）}{11\ m}$$

$$容车数（换长14.3\,m）=\frac{有效长（m）-机车长（m）-附加制动距离（30\,m）}{14.3\ m}$$

（2）牵出线容车数：

$$容车数（换长11\,m）=\frac{有效长（m）-机车长（m）-10\,m}{11\ m}$$

$$容车数（换长14.3\,m）=\frac{有效长（m）-机车长（m）-10\,m}{14.3\ m}$$

（3）调车线容车数：

$$容车数（换长11\,m）=\frac{有效长（m）\times 75\%}{11\ m} \qquad 容车数（换长14.3\,m）=\frac{有效长（m）\times 75\%}{14.3\ m}$$

（4）货物线、洗刷消毒等线路容车数：

$$容车数（换长11\,m）=\frac{实际使用长度（m）}{11\,m}\qquad 容车数（换长14.3\,m）=\frac{实际使用长度（m）}{14.3\,m}$$

（5）尽头式货物线容车数：

$$容车数（换长11\,m）=\frac{实际使用长度（m）-10\,m}{11\,m}$$

$$容车数（换长14.3\,m）=\frac{实际使用长度（m）-10\,m}{14.3\,m}$$

尽头线为端部站台，装卸车时需要使车辆与端部站台的车钩连挂在一起，因此计算容车数时不用减去 10 m 的安全距离。

容车数的小数部分均舍去，如按“四舍五入”法处理，那么在实际作业中就会出现该线路放不下“五入”后得出的容车数的情况，轻则影响作业效率，打乱运输秩序，重则引发侧面冲突事故。

二、道岔

在两条线路交叉或汇合处应设置道岔，道岔是轨道的重要组成部分，它可以使机车车辆由一条线路转入或越过另一条线路。

道岔的种类很多，常见的有普通单开道岔和其他类型的道岔。

（一）普通单开道岔

在各种类型的道岔中，用得最多的是普通单开道岔，简称单开道岔。

单开道岔连接两条铁路线，其中一条为直线，即主线，另一条为侧线（侧股）。站在主线上面向尖轨尖端，若侧线在主线左侧的称为左开单开道岔，侧线在主线右侧的称为右开单开道岔。

单开道岔主要由转辙器部分、连接部分、辙叉及护轮轨（简称护轨）等部分组成，如图 1–9 所示。

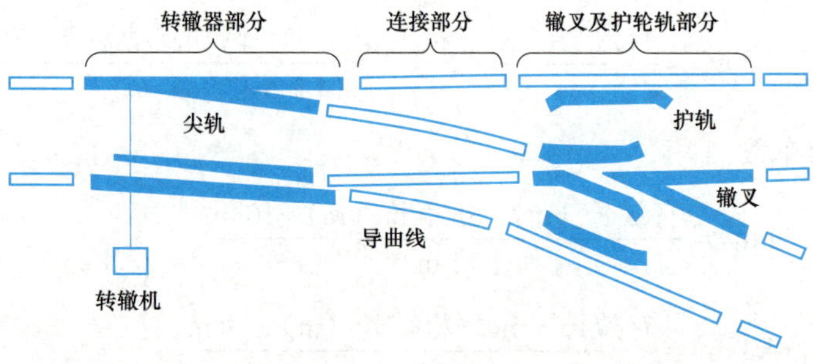

图 1–9　单开道岔

1. 转辙器部分

转辙器部分主要由基本轨、尖轨、跟端结构、连接零件（拉杆、连接杆、顶铁、滑床板、轨撑、辙前垫板、辙后垫板）及转辙机等组成，如图 1–10 所示。

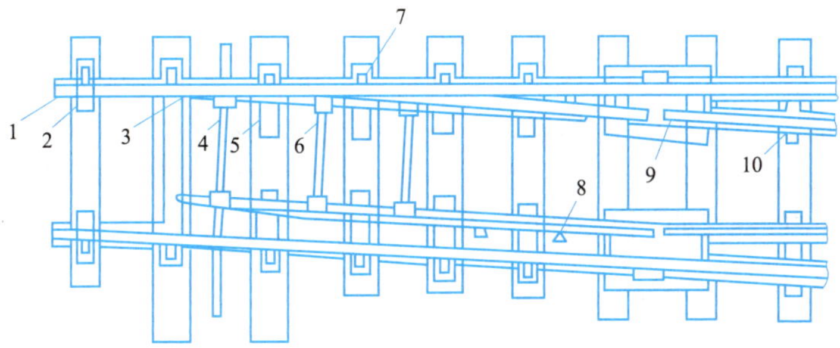

1—基本轨；2—辙前垫板；3—尖轨；4—拉杆；5—滑床板；6—连接杆；7—轨撑；8—顶铁；9—跟端结构；10—辙后垫板。

图 1－10　转辙器部分

尖轨是转辙器部分中的可动部分，由转辙机带动其改变位置。两根尖轨的位置决定了单开道岔是开通直股还是开通侧股，两根尖轨不能同时与其邻近的基本轨密贴，也不能同时与其邻近的基本轨分离（即四开状态）。当道岔转换结束时，一根尖轨必须与其邻近的基本轨密贴，而另一根尖轨则必须与其邻近的基本轨分离，否则均可能造成机车车辆脱轨等事故。

尖轨是由标准钢轨或特种断面钢轨刨切而成的，分为直线型尖轨和曲线型尖轨（又称弹性可弯式尖轨）两种。

机车车辆运行在直线型尖轨上具有冲击角，影响列车过岔速度。因此，在我国提速干线上，大量采用了 AT 型弹性可弯式尖轨道岔。弹性可弯式尖轨是在尖轨跟端前 1.5～2.0 m 处，把尖轨轨底两侧边缘切掉，使之与钢轨头部宽度相同，形成柔性点，尖轨可绕该处弹性弯曲，以消除机车车辆过岔时的冲击角。

2. 辙叉及护轨部分

为使车轮能够顺利通过，在两根钢轨交叉的地方，应将钢轨断开，形成辙叉。辙叉由翼轨、辙叉心及连接零件等组成，如图 1－11 所示。

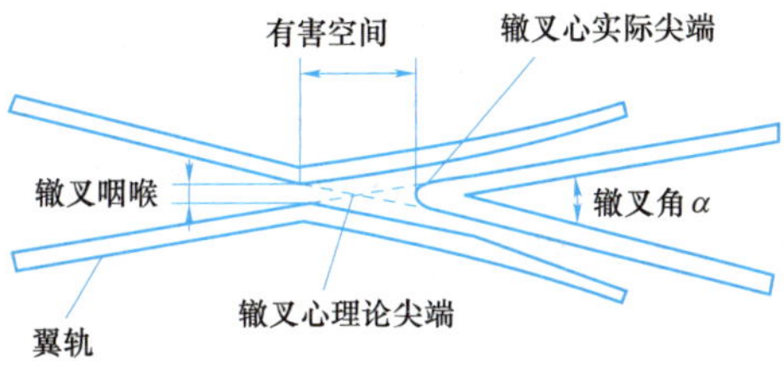

图 1－11　辙叉部分

辙叉心轨两工作边所成的夹角 α 称为辙叉角，两工作边的交点称为辙叉心理论尖端。由于制造工艺的缘故，实际上的辙叉尖端有 6～8 mm 的宽度，叫作辙叉心实际尖端。两翼轨相距最近处，称为辙叉咽喉。从辙叉咽喉至辙叉心实际尖端之间有一段轨线中断的部分，在此车轮有失去引导误入异线而发生脱轨事故的可能，所以此处被称为道岔的有害空间。为防止机车车辆进入异线，当一侧车轮进入有害空间时，在另一侧车轮相应位置的基本轨内侧设置护轮轨。护轮轨是用普通钢轨经过刨切弯折而成，并用间隔铁、螺栓等零件与基本轨连接。

我国目前单开道岔上常用的辙叉类型如下。

① 整铸式辙叉，它是用含锰量 10%～14%的高锰钢把心轨和翼轨铸成整体的辙叉。此种辙叉不仅整体性、稳定性好，而且使用寿命长、维修工作量少，广泛用于干线铁路线上。

② 组合式辙叉，如图 1–12 所示，它是由长心轨、短心轨，以及普通钢轨经弯折、刨切加工而成的翼轨，用不同尺寸的间隔铁和螺栓连接、拼装、紧固而成的辙叉。

③ 可动心轨辙叉，如图 1–13 所示，它是由长心轨、短心轨拼装成的可动心轨和翼轨、叉跟基本轨、帮轨等组合而成。可动心轨辙叉的心轨可由转辙机带动改变其位置与相应的翼轨密贴，达到消除有害空间的目的，提高列车过岔速度。可动心轨辙叉现已广泛应用于提速线路上。

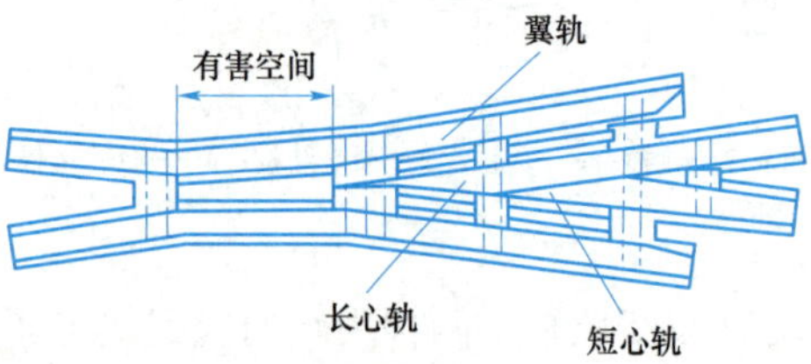

图 1–12 组合式辙叉

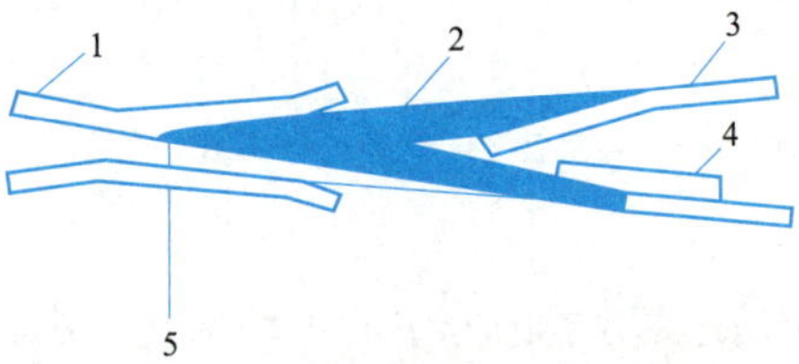

1—翼轨；2—可动心轨；3—叉根基本轨；4—帮轨；5—连转辙机。

图 1–13 可动心轨辙叉

线路允许速度 120 km/h 及以下区段的正线上的道岔，应采用整铸式辙叉道岔；线路允许速度 120 km/h 以上至 160 km/h 及以下，或货车轴重 25 t 及以上区段的正线上的道岔，应采用可动心轨辙叉道岔或整铸式辙叉道岔；线路允许速度 160 km/h 以上区段的正线上的道岔，须采用可动心轨辙叉道岔。

3. 连接部分

转辙器部分与辙叉及护轨部分通过连接部分连接在一起，连接部分主要包括四根钢轨，主线上的为两根直线轨，侧线上的为两根曲线轨（即道岔的导曲线）。导曲线采用圆曲线线型，一般不设外轨超高和轨距加宽。

（二）其他类型的道岔

1. 对称道岔

对称道岔是单开道岔的一种特殊形式，但是没有直股，两条侧股以主线延长线为轴对称布置，构造与单开道岔基本相同，只是连接部分没有直轨，只有四条导曲线轨，如图 1–14 所示。在辙叉角、导曲线半径相同的条件下，对称道岔的长度比单开道岔短，因此一般用于驼峰调车场头部，以缩短调车场头部咽喉。

2. 三开道岔

在站场线路布置中，当需要连接的线路较多且受场地限制不能在主线上连续铺设两组单开道岔时，可把一组道岔纳入另一组道岔中，形成三开道岔，如图 1–15 所示。三开道岔缩短了占地长度。

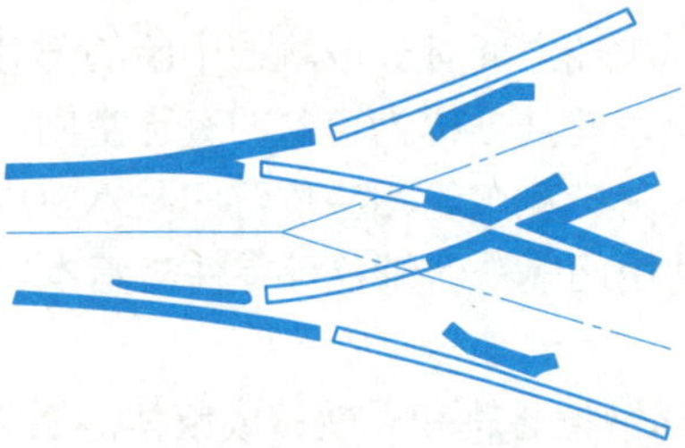

图 1–14 对称道岔

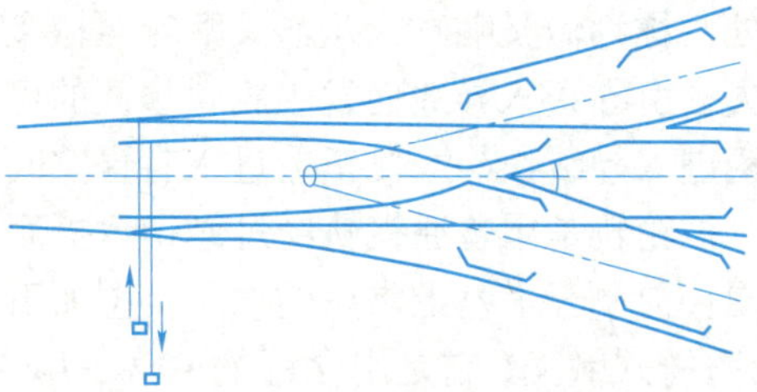

图 1–15 三开道岔

三开道岔有两对尖轨、三组辙叉，结构很复杂，后两组辙叉无法在主线内设置护轮轨，因此主线的行车速度受到限制，其一般只用于驼峰调车场头部。

3. 菱形交叉

为使一条线路越过另一条线路，在两条线路交叉的地方应设置线路交叉，线路交叉包括直角交叉和菱形交叉，最常用的是菱形交叉。菱形交叉由两组相同角度的锐角辙叉和两组相同角度的钝角辙叉组成，没有尖轨部分和导曲线部分，只能实现越线功能，无法实现使机车车辆从一条线路转往另一条线路的转线功能，如图 1–16 所示。

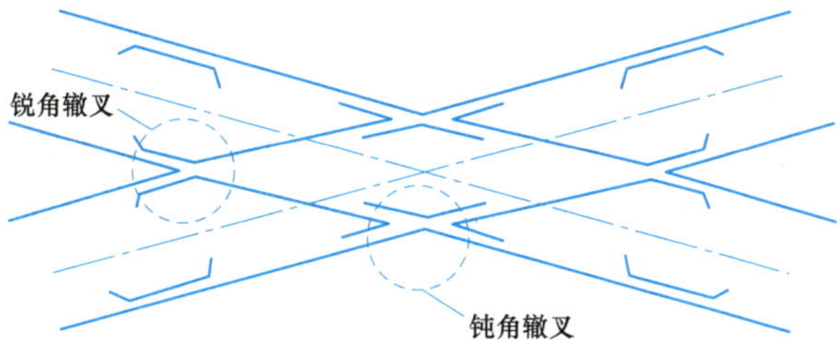

图 1–16　菱形交叉

4. 交分道岔

在菱形交叉的基础上增加转辙器部分和导曲线部分，既能实现越线功能，又能实现转线功能，即构成交分道岔。交分道岔按开通方向分为单式交分道岔和复式交分道岔两种，只能在两个方向上实现转线功能的为单式交分道岔，在四个方向上都能实现转线功能的则为复式交分道岔。

复式交分道岔按采用的菱形交叉类型又分为固定式和活动式两种，如图 1–17 和图 1–18 所示。一组复式交分道岔的作用相当于两组对向铺设的单开道岔，可以开通四个方向，其占地长度短，广泛用于地面狭窄而又繁忙的站场咽喉区。

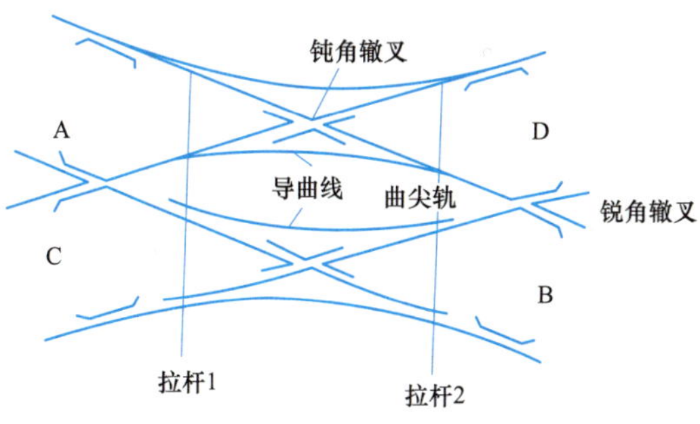

图 1–17　固定式复式交分道岔

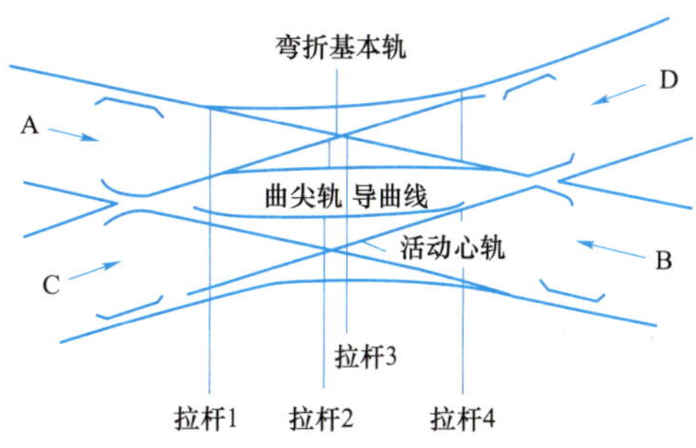

图 1–18　活动式复式交分道岔

活动式交分道岔拉杆位置与线路开通方向的关系如表 1–1 所示。

表 1-1 活动式交分道岔拉杆位置与线路开通方向的关系

拉杆扳动方向				线路开通方向
拉杆 1	拉杆 2	拉杆 3	拉杆 4	
↑	↓	↑	↓	A←→B
↓	—	—	↓	A←→D
↓	↑	↓	↑	C←→D
↑	—	—	↑	B←→C

5. 分动外锁闭道岔

分动外锁闭道岔在现场又称为新型提速道岔。

为满足我国主要铁路干线开行快速列车的需要，消除道岔限速因素，改善列车过岔的平稳性，铁路部门研究生产了新型提速道岔，并于 1996 年 4 月开始在京沪、京广、京哈等干线上铺设使用。

（三）道岔的辙叉号数及列车允许过岔速度

目前，我国采用的提速道岔均为单开道岔，按道岔辙叉号数可分为 9 号、12 号、18 号、30 号等，在 2002 年投入运营的秦沈客运专线上，首次采用了 38 号道岔。在 2009 年投入运营的武广高速铁路上，首次采用了 42 号道岔，其直向过岔速度为 350 km/h，侧向过岔速度为 160 km/h。

1. 道岔的辙叉号数

道岔的辙叉号数亦称道岔号数 N，我国规定以辙叉角的余切值来表示，辙叉角及工作边如图 1-19 所示，则：

$$N=AC/BC=\cot\alpha$$

式中：BC——辙叉心一工作边任意一点至另一工作边的垂直距离；

AC——辙叉心理论尖端沿工作边至垂足的距离；

α——辙叉两工作边的夹角；

N——辙叉号数。

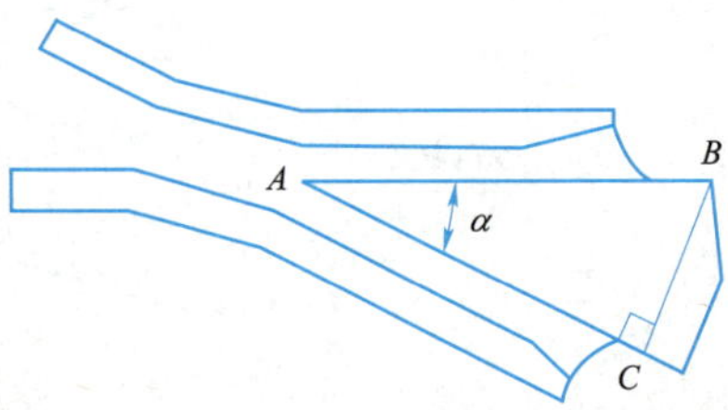

图 1-19 辙叉角及工作边

从上式中 α 和 N 之间的关系可以看出，辙叉角越小，辙叉号数越大，列车的侧向过岔速度越高；辙叉角越大，辙叉号数越小，列车的侧向过岔速度越低。

2. 列车允许过岔速度

列车在经过道岔时，重心会上下起伏产生振动，经侧股运行时还会冲击导曲线和尖轨，造成横向摇摆，这种振动和摇摆随列车速度的增大而增加，当列车过岔速度超过一定值时，就可能导致列车脱轨或颠覆，因此道岔是控制行车速度的关键设备。为了保证列车过岔安全，必须对列车过岔的最高速度进行限制。

列车过岔有直向过岔和侧向过岔之分，影响过岔速度的因素不完全相同。侧向过岔时需经过导曲线，而导曲线不设外轨超高和轨距加宽，对速度的限制更大。因此列车过岔速度与道岔的辙叉号数、道岔的材质、尖轨的类型等因素直接相关。

单开道岔侧向过岔的最高速度如表 1-2 所示。

表 1-2 单开道岔侧向过岔的最高速度 单位：km/h

尖轨类型	道岔号数						
	8	9	10	11	12	18	30
普通钢轨尖轨	25	30	35	40	45	80	—
AT 弹性可弯尖轨	—	—	—	—	50	80	140

（四）道岔辙叉号数的选用

道岔的辙叉号数一旦确定，再要改变将会引起巨大的站场改造工程或严重影响正常运营，因此应慎重选用道岔的辙叉号数。道岔辙叉号数的选择，一般应根据列车的运行方式、路段列车设计速度，以及要求的道岔侧向允许通过速度来确定。道岔辙叉号数的选择应符合下列规定：

（1）正线道岔的直向通过速度不应小于路段设计行车速度；

（2）用于侧向通过列车的单开道岔的辙叉号数应根据列车侧向通过的最高速度合理选用；

（3）侧向接发停车旅客列车的单开道岔，不得小于 12 号；

（4）侧向接发停车货物列车并位于正线的单开道岔，在中间站不得小于 12 号，在其他车站不得小于 9 号；

（5）列车轴重大于 25 t 的铁路正线单开道岔不得小于 12 号；

（6）其他线路的单开道岔不得小于 9 号；

（7）狭窄的站场采用交分道岔不得小于 9 号，但尽量不用于正线，必须采用时不得小于 12 号；

（8）峰下线路的对称道岔不得小于 6 号，三开道岔不得小于 7 号；

（9）段管线的对称道岔不得小于 6 号。

既有道岔的类型及辙叉号数不符合上述规定时，应按该道岔的辙叉号数限制行车速度，且应有计划地进行改造。

（五）道岔编号方法

为便于对车站设备进行使用、维修、管理，站内的道岔均应统一编号，且同一车站或同一车场内的道岔均不得有相同的编号。道岔编号的一般要求如下。

（1）从列车到达方向起用阿拉伯数字顺序编号，上行列车到达端编为双数，下行列车到达端编为单数。同一渡线或直线梯线上的道岔应编连续单号或双号，如图 1-20 和图 1-21 所示。

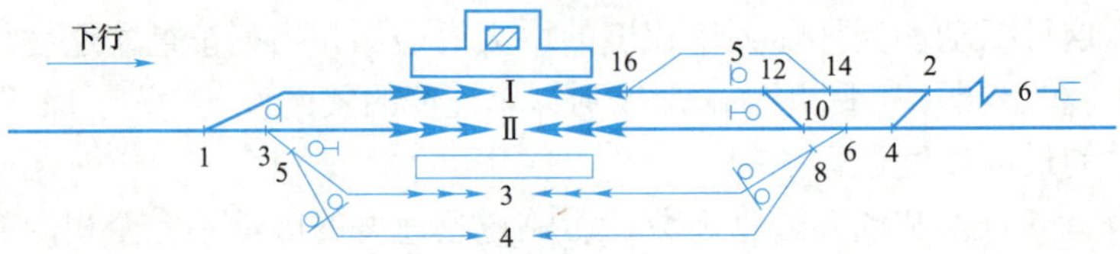

图 1–20　单线车站道岔编号

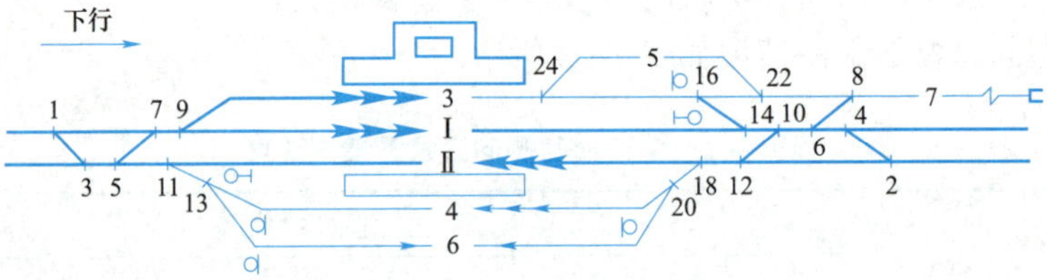

图 1–21　双线车站道岔编号

（2）站内道岔一般以站舍中心线划分上、下行区域，当站舍远离车站中心时，以车站或车场中心线划分。

（3）当车站一端衔接两个及其以上方向，有上行又有下行时，应按主要方向编号。

（4）尽头式车站，向线路终点方向顺序编号，如图 1–22 所示。

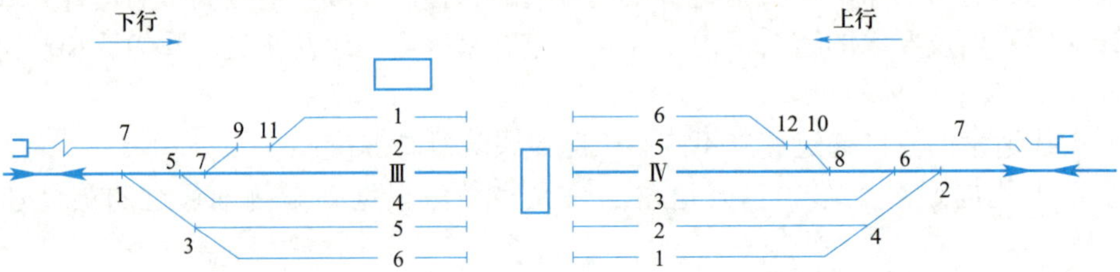

(a) 下行进站　　(b) 上行进站

图 1–22　尽头式车站道岔编号

（5）大型车站当有数个车场时，每个车场的道岔应单独编号，道岔号码使用三位数字，百位数字表示车场号码，十位和个位数表示道岔编号，如 I 场道岔编为 101～199。若车场一端的道岔超过 50 副时，用千位数往下编，千位数表示车场号码，如 I 场的第 100 号道岔，编为 1100 号。

三、铁路站场

车站按技术作业分为：编组站、区段站、中间站，其中编组站、区段站又称技术站。

车站按业务性质分为：营业站、非营业站。办理客运、货运业务的车站为营业站；既不办理客运业务也不办理货运业务的车站为非营业站。

营业站根据办理的业务分为：客运站、货运站、客货运站。

（一）中间站

中间站是为铁路沿线城乡居民及工农业生产服务，提高铁路区段通过能力，保证行车安全而设的车站。它主要办理列车的到发、会让、越行及客货运业务。

中间站的设置位置，既要符合线路通过能力的要求，又要适当满足地方工农业生产发展的需要，并应考虑地形、地质等自然条件。

无货场的中间站：一般只办理列车的通过、会让、越行及少量的客货运作业，不设货场，不办理摘挂列车甩挂车组的作业。

有货场的中间站：除办理与无货场的中间站同样的作业外，另设有货场，办理摘挂列车甩挂车组的作业。

1. 中间站的主要作业

（1）客运作业：旅客的乘降，行李包裹的承运、装卸、保管与交付。

（2）货运作业：货物的承运、装卸、保管与交付。

（3）行车作业：列车的到发、通过、会让和越行；摘挂列车的车辆和到货场或专用线取送车辆的调车作业。

2. 中间站的设备

为完成上述作业，中间站应根据作业的性质和工作量大小设置一定的设备。

（1）客运设备：旅客站舍（售票房、候车室、行包房）、旅客站台、雨棚和跨越设备（天桥、地道、平过道）等。

（2）货运设备：货物仓库、货物站台、货运室、装卸机械等。

（3）站内线路：到发线、牵出线和货物线等，它们分别用于接发列车、进行调车和货物装卸作业。

（4）信号及通信设备。

3. 会让站和越行站

（1）会让站：设在单线铁路上，主要办理列车的到发和会让，也办理少量的客货运业务。在会让站上，既可实现会车，也可实现越行。

会让：先到的列车在本站停车，等待反方向的列车到达（通过）本站，两个列车互相交会。

（2）越行站：设在复线铁路上，主要办理同方向列车的越行业务。

越行：先到的列车在本站停车，等待后一个同方向的列车通过本站或到达本站后先开车。

4. 中间站布置

中间站布置按到发线的相互位置，主要分为横列式和纵列式两种。

1）横列式中间站布置

横列式中间站布置的特点是到发线沿正线横向排列。这种布置具有站坪长度短，工程投资省；设备布置紧凑，便于管理；到发线使用灵活等优点，因此在中间站上广泛采用。

2）纵列式中间站布置

纵列式中间站布置的特点是到发线沿正线纵向排列，通常逆运转方向错移一个货物列车到发线的有效长度。纵列式中间站布置有利于组织列车不停车会车，提高区间通过能力；适应重载列车到发的需要；便于车站值班员与司机交接行车凭证。但这种布置站坪长度长、工程投资大，且增加了中间咽喉，车站定员多，管理也不方便；车站值班员瞭望信号，确认进路也不方便，车长与值班员联系工作走行距离长。因此，这种布置利少弊多，故一般只在山区因地势陡窄或需组织不停车会让才采用。

（二）区段站

区段站多设在中等城市和铁路网上牵引区段（机车交路）的起点或终点。

区段站的主要任务是为邻接的铁路区段供应及整备机车，为无改编中转货物列车办理规定的技术作业，并办理一定数量的列车解编作业及客货运业务。

在区段站设有机务段（基本段或折返段），这是区别区段站和中间站的明显标志。

区段站的作业和设备尽管在数量和规模上都不是最多和最大的，但是在作业和设备的种类上却是比较齐全的。

1. 区段站的作业

区段站主要办理通过车流，只有少量改编车流。因此，区段站设备的规模比中间站大而复杂，比编组站小而简单。

根据区段站所担负的任务，它要办理的作业可以归纳如下。

（1）客运业务：与中间站办理的客运业务基本相同，但作业量更多。

（2）货运业务：与中间站办理的货运业务大致一样，但作业量更多。

（3）车辆业务：办理列车的技术检查和车辆的检修作业。

（4）机车业务：换挂机车和变更乘务组，对机车进行整备、修理和检查等。

（5）运转作业。

① 与旅客列车有关的运转作业：主要办理旅客列车的接发作业。

② 与货物列车有关的运转作业：主要办理无改编中转货物列车的接发和有关作业。

（6）所有到达区段站的列车按作业性质可分为两类。

① 无改编中转列车：到达本站不解体，只进行技术检查和机车换挂等作业，然后继续运行的列车。

② 改编列车（解体列车）：到达本站后，要将列车解体，或解体后重新编组再出发的列车。

由此可知，区段站所办理的作业，在数量上和种类上，都比中间站繁多。在所办理的各类列车中，又以无改编中转列车所占的比重最大，其成为区段站行车组织工作的重要环节。

2. 区段站的设备设施

为了保证上述作业的完成，在区段站上设有以下设备设施。

（1）客运业务设备设施：旅客站房、站台、雨棚及跨越线路设备等。

（2）货运业务设备设施：货场及其有关设备，如装卸线、货物站台、仓库及装卸机械等。

（3）车辆设备设施：车辆段、列车检修所和站修所等。

（4）机务设备设施：机务段或机务折返段。如采用循环交路，在到发场或其附近设机车整备设备，采用长交路轮乘制时可设机车运用段或机务换乘点。

（5）运转设备设施。

① 旅客运转设备设施：专供旅客列车使用的旅客列车到发线及客车车底停留线等。

② 货物运转设备设施：货物列车到发线、调车线、牵出线（有时设简易驼峰）、机车走行线及机待线等。

除上述设备设施外，还有信号、通信、给水、排水、电力、照明、技术办公房屋及城镇道路的平（立）交设备等。

（三）编组站

编组站是铁路网上办理大量货物列车解体和编组作业并为此设有比较完善的调车设备的车站。编组站是按照列车编组计划的要求，编解各种类型的列车，而且多数是直达列车和直通列车，为合理地组织车流服务。从这个意义上讲，编组站实际上就是一个编组列车的工厂。

1. 编组站的主要任务和作用

（1）解编各种类型的货物列车。

（2）组织和取送本地区的车流——小运转列车。

（3）设在编组站的机务段，还需供应列车动力，以及整备、检修机车。

（4）设在编组站的车辆段及其下属单位（站修所、列检所）还要对车辆进行日常维修和定期检修等。

2. 编组站作业和设备的特点

（1）作业的特点：编组站在技术作业上与区段站基本相同。编组站与区段站的不同点见表 1–3。

表 1–3　编组站与区段站的不同点

编组站	区段站
办理列车的解体、编组作业	主要办理列车中转作业（即摘挂机车、车列技术检查）
解体编组的列车数量多，大多是直达列车和直通列车	解体编组的列车数量少，大多是区段、摘挂列车

（2）设备的特点：从种类上看，一般与区段站一样。位于大城市郊区的编组站，可以不设客运、货运设备；在货物运转设备方面，作为编组站主要设备的调车场和调车设备的规模和能力要比区段站大得多。

3. 编组站的主要类型及布置图

（1）按照调车设备的套数及调车驼峰方向分类。

单向编组站：只有一个调车场，上、下行合用一套调车设备（包括驼峰、调车场、牵出线），其驼峰溜车方向一般顺主要改编车流运行方向（也称顺向）。

双向编组站：有两个调车场，上、下行各有一套调车设备。两系统的调车驼峰应朝向各自的上行和下行调车方向。

（2）按每一套系统内车场的相互位置和数目分类。

横列式编组站：上、下行到发场与调车场并列配置。

纵列式编组站：到达场、调车场、出发场主要车场顺序纵向排列。

混合式编组站：主要车场纵列，另一部分车场横列。

我国编组站布置图的基本类型，归纳起来共有四种。单向横列式、单向混合式、单向纵列式、双向纵列式。其他类型都是在基本类型的基础上派生的。

此外，我国铁路现场对编组站配置，在习惯上称为“几级几场”。

“级”是指同一调车系统中到达场、调车场、发车场纵向排列（纵向数），一级式是指车场横列，二级式是指到达场、调车场纵列，而三级式是指到达场、调车场、发车场顺序纵列。

“场”是指车场，车站有几个车场，就叫作几场。

单向一级三场横列式编组站如图 1–23 所示。

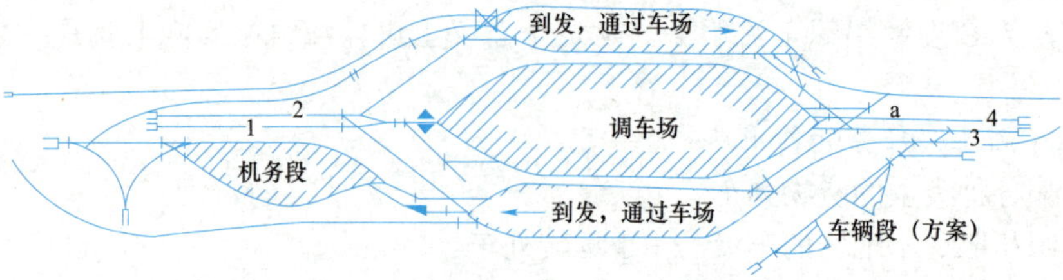

图 1-23　单向一级三场横列式编组站

单向二级四场混合式编组站如图 1-24 所示。

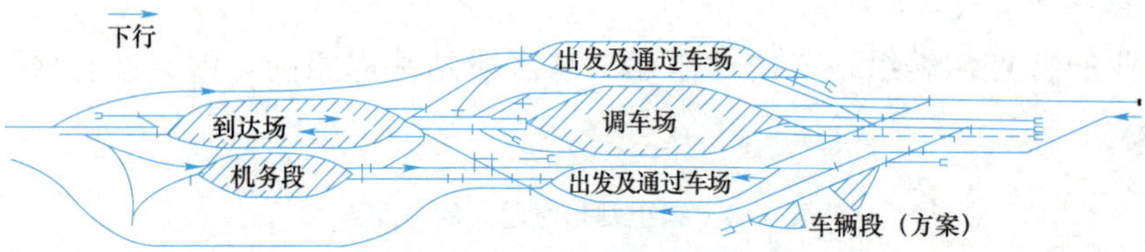

图 1-24　单向二级四场混合式编组站

单向三级三场纵列式编组站如图 1-25 所示。

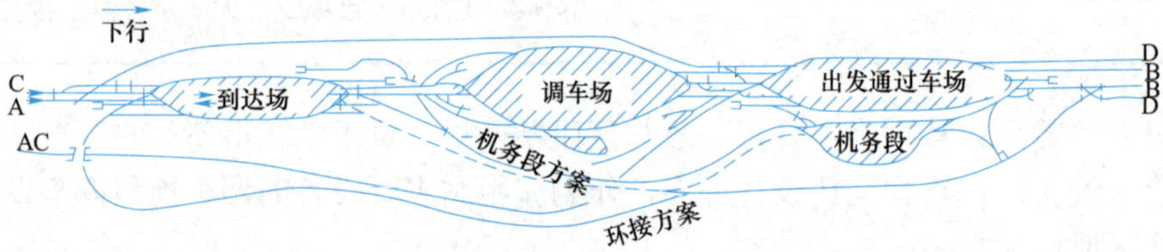

图 1-25　单向三级三场纵列式编组站

双向三级六场纵列式编组站如图 1-26 所示。

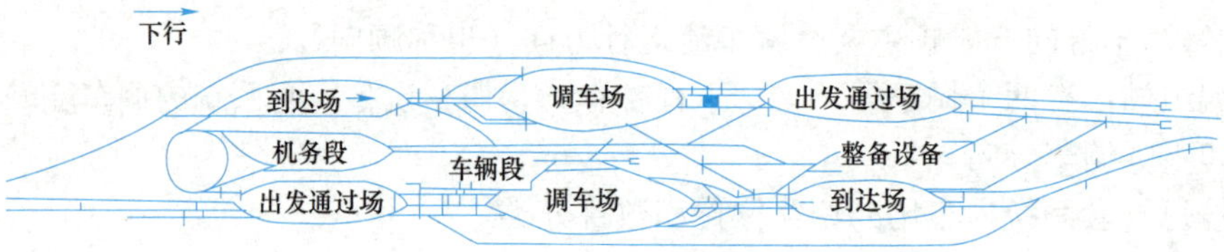

图 1-26　双向三级六场纵列式编组站

4. 铁路四种编组站图型的优缺点

1）单向一级三场横列式编组站图型

优点：站坪长度短，投资省；车场较少，布置紧凑，作业灵活，集中管理方便；无上、下行客货列车进路交叉及列车到发与车列转线交叉等。

缺点：改编列车解体转线困难；改编车流在站内折返走行距离长；当上、下行改编车流不均衡时，能力不能充分发挥；改编车流在站内往返走行停留、有调中转时间长，作业效率低。

适用范围：上、下行双方向改编车流较均衡，解编作业量在 3 200～4 700 辆，站坪长度受到限制或远期无大发展，牵引质量小的中、小编组站，也可作为远期大型编组站的初期过渡。

2）单向二级四场混合式编组站图型

优点：由于到达场与调车场纵列，上、下行方向改编列车接入到达场，从而消除了“一级三场”整列转线困难的问题；改编车辆和调车作业行程较短，顺驼峰方向改编车流的作业是“半流水”式的，即到达和解体作业是“流水式”进行的，而编组和出发作业是“折返式”进行的。反向改编车流的作业流程，则是逆向“半流水式”的；车列解体时间短，驼峰解体能力较大；车站长度较纵列式布置图短，可减少工程量，节约用地。

缺点：尾部能力较低。二级式编组站的驼峰解体能力较大。由于上、下行出发场与调车场并列布置，因此，自编列车都经牵出线转线，产生多余的折返行程，从而造成调车场头部和尾部能力不相适应，影响全站设备能力的发挥；反向改编列车到达与自编列车出发产生交叉。

适用范围：编解作业量较大，或解编作业量大而地形困难的大、中型编组站。

3）单向三级三场纵列式编组站图型

优点：为车站各方向的改编列车的改编作业创造了良好的作业条件，到达、解体、编组和出发作业完全是“流水式”的；各方向改编车辆在站内行程短，无多余的走行，缩短了车辆的在站停留时间，所以改编能力大；站内交叉较横列式或混合式都少，通过能力较大；同类车场集中布置，线路使用的灵活性大。同时，也可使全站作业自动化方案大大简化，为实现编组站综合自动化创造了条件。

缺点：反驼峰方向的改编列车走行距离长；占地较大，投资费用也大。

适用范围：顺驼峰方向改编车流较强，改编作业量大，或衔接线路方向多，要求具有较大的灵活性，以及地形允许、远期有较大发展、具有重大作用的大型编组站。

4）双向三级六场纵列式编组站图型

优点：反向改编车流作业条件大大改善。保证上、下行改编列车都按照到、调、发顺序流水作业，除折角车流外，不需要牵出转场，无多余的折返行程，且两改编系统平行作业，互不干扰。上、下行两方向改编列车作业条件完全相同；通过能力和改编能力都很大。由于有两套调车设备，车场又都是纵向排列，进路交叉少，因而能力大；三级六场图型由于车场多、线路容量大，对运量的波动有较大的适应性和机动性，有利于调整列车运行秩序，加速机车车辆周转。

缺点：折角改编车流产生重复解体作业；在有三个及其以上方向衔接的双向编组站，必然会产生两系统间折角车流；占地长，站坪 8～10 km；由于两系统方向相反，要求地形最好是两端高、中间低，往往不易找到合适的场地；因为有两套系统，必然占地面积大，工程投资多，车站定员增加。

适用范围：担负解编作业量很大，且上、下行改编车流比较平衡，折角车流在总改编车流中所占的比重较小（不大于 15%），地形条件又不受限制的路网性编组站。

5. 调车设备

铁路编组站的主要任务，是对货物列车进行解体和编组，其运营特征集中反映在解体和编组的调车作业过程中。

调车工作可进行如下分类。

（1）调车工作按目的分为解体、编组、取送等。

（2）调车工作按使用设备分为牵出线调车和驼峰调车两种。

牵出线调车是最基本的调车作业方式，牵出线是重要的调车设备。车列的编组和转线，车辆的摘挂和取送等需使用牵出线进行调车。其方法包含推送调车法和溜放调车法。

驼峰调车即调车机车先将车列推上峰顶，摘开车钩后利用车辆自身重力自行溜放。这是编组站解体车列的一种主要方法。

6. 驼峰

驼峰是利用车辆自身的重力和驼峰的高度并辅以机车推力来解体车列的一种调车设备。驼峰因似骆驼的峰背而得名，驼峰一般设在调车场头部。

1）调车驼峰的分类

（1）调车驼峰按日均解体作业量分为以下类型。

① 大能力驼峰：日均解体车数在 4 000 辆以上，调车线不少于 30 条，设两条溜放线，应设有推峰机车遥控系统、钩车溜放速度和溜放进路自动控制系统，建在路网性和区域性编组站上。

② 中能力驼峰：日均解体车数在 2 000～4 000 辆间，调车线在 16 条以上，设 1～2 条溜放线，宜设有推峰机车遥控系统、钩车溜放速度和溜放进路自动控制系统，建在区域性或路网性编组站上。

③ 小能力驼峰：日均解体车数在 2 000 辆以下，调车线 5～16 条，宜设置溜放进路自动控制系统、推峰机车信号，有条件时可采用推峰机车遥控系统、钩车溜放速度自动控制或半自动控制系统。

（2）调车驼峰按设备条件分为以下类型。

① 简易驼峰：利用原有编组场抬高平面牵出线修建而成。

② 非机械化驼峰：一般设在编组线较少的小型编组站上，制动设备采用铁鞋，道岔采用自动控制。

③ 机械化驼峰：一般设在大中型编组站上，制动设备主要采用车辆减速器，道岔采用自动控制。

④ 半自动化驼峰：道岔控制采用自动集中方式，主要采用人工控制减速器出口速度，采用自动化设备。

⑤ 自动化驼峰：在半自动化驼峰的基础上，采用一系列自动化设备，自动控制车辆减速器，雷达测速，自动控制车组间隔、车辆溜放进路，采用电子计算机处理。

2）驼峰的平、纵断面

驼峰的范围是指峰前到达场（在不设峰前到达场时为牵出线）与调车场之间的一部分线段，包括推送部分、溜放部分和峰顶平台等，如图 1－27 所示。

（1）推送部分。推送部分是指经驼峰解体的车列其第一钩车位于峰顶时车列全长所在的线路范围。设置这一部分的目的是使车辆能到必要的驼峰高度，并使车钩压紧，便于摘钩，如图 1－28 所示。

（2）峰顶平台。推送部分与溜放部分的连接处，设有一段平坦地段，叫作峰顶平台。它位于驼峰的最高处，并通过两条竖曲线将两个不同方向的反坡（压钩坡和加速坡）联系起来。这样既可以保证驼峰的必要高度，又可以防止车辆经过峰顶时折断车钩。峰顶平台的长度取决于车辆的构造情况和压钩坡的陡度，一般为 10 m 左右，如图 1－29 所示。

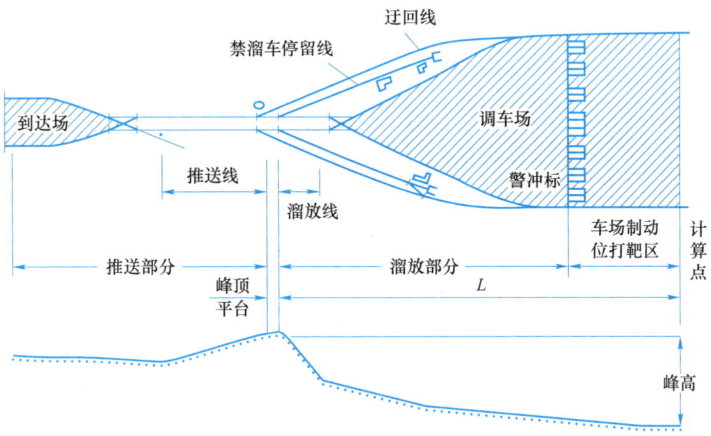

图 1－27　驼峰的范围

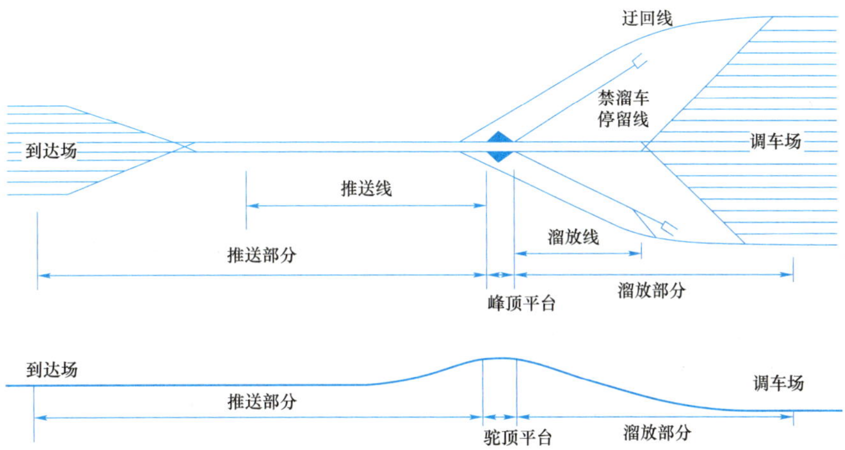

图 1－28　推送部分

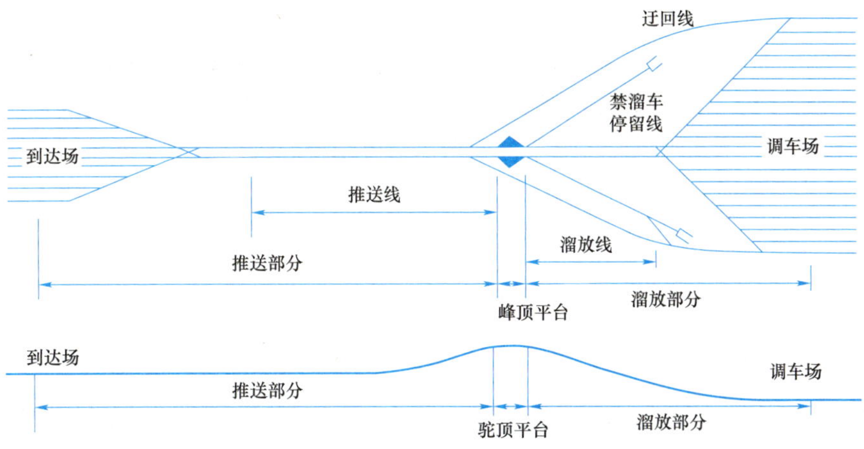

图 1－29　峰顶平台

（3）溜放部分。从驼峰峰顶到调车场计算点之间的区段，叫溜放部分。在这段范围内设有调速设备（车辆减速器），以便调整钩车溜放速度，并且设有分路道岔以控制钩车的溜放速度，如图 1–30 所示。

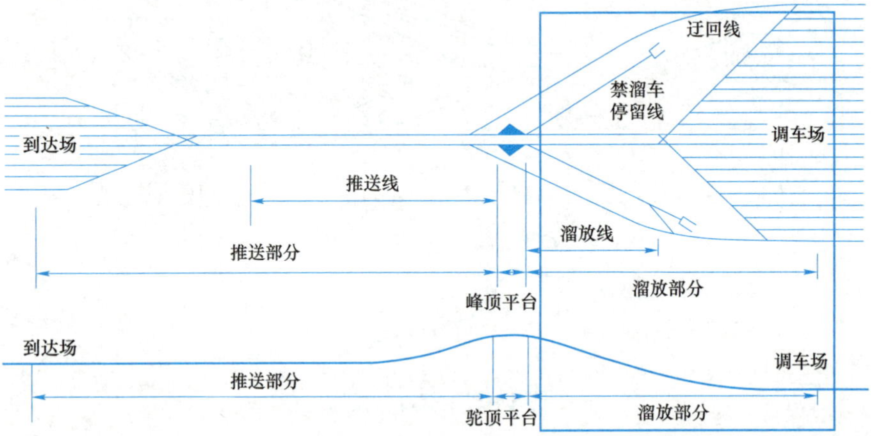

图 1–30　溜放部分

3）驼峰调速系统

驼峰调速系统是为调整溜放车辆的速度而设置的一套系统。

① 点式调速系统：在驼峰溜放部分和调车线内，钩车溜放的调速设备全部采用减速器的调整系统。

② 点连式调速系统：在驼峰溜放部分和调车线的始端采用减速器，在调车场内采用连续式调整设备的调速系统。

③ 连续式调整系统：在驼峰的溜放部分和调车线内，钩力溜放的调速设备连续布置在线路上实现对车内的连续调速。

4）驼峰调速工具

驼峰调速工具是用来调控溜放车辆速度的。

① 铁鞋。铁鞋对溜放车辆的制动，是使溜放车辆的车轮压上铁鞋，迫使铁鞋在钢轨上滑行产生制动力。

② 减速器。减速器是利用两片制动夹板挤压车轮，使车轮减速的设备。

③ 减速顶。减速顶不需要外部能源，无须外部控制，能根据溜放速度自身产生动作。从减速顶的结构来看，它主要由壳体和吸能帽两大部分组成。壳体安装在钢轨的内侧或外侧，用螺栓固定在钢轨轨腰。

任务 1.2　信号、联锁、闭塞

一、信号知识

（一）信号作用

信号是指示列车运行和调车作业的命令，具有明确运行目的和方法、有效组织行车、提高运输效率、保证列车运行安全等重要作用，有关行车人员必须严格遵守信号显示的指示和命令。

（二）信号分类

1. 按接收信号的感官分类

按接收信号的感官分类，信号可分为视觉信号、听觉信号。

1）视觉信号

视觉信号是以信号的颜色、形状、位置、显示数目和灯光状态等表达某种意义。如信号机、信号旗、信号灯、信号牌、信号表示器、信号标志、火炬等显示的信号。

最常见的视觉类固定信号的基本颜色及其基本意义如下。

红色——要求停车。（禁止信号、停车信号）

绿色——准许按规定速度运行。

黄色——要求注意或减低速度。（允许信号、进行信号）

这三种颜色是根据光学原理经过长期研究和实践确定下来的，光的可见光谱有红、橙、黄、绿、青、蓝、紫七种颜色。其中红色光的波长最长，紫色光的波长最短。光的波长越长，穿透周围介质（如空气、水等）的能力也越大。在光的强度相同的条件下，红色比蓝色显示距离要远得多，同时人对红色的感觉最敏感，所以采用红色作为停车信号；黄色光的波长仅次于红色光，黄色玻璃透光能力最大，显示距离也较远，所以采用黄色作为注意或降低速度的信号；绿色和红色区别最大，容易分辨。除红、橙、黄以外，绿色光的波长比较长，也可实现较远的显示距离，所以采用绿色作为按规定速度运行的信号。

另外还有：

月白色——引导信号或准许调车信号。

蓝色——容许信号或禁止调车信号。

2）听觉信号

听觉信号是以不同的器具发出的音响及音响长短等来表达信息的信号。如号角、口笛、响墩发出的音响，以及机车、轨道车的鸣笛声。

听觉信号有两种作用：一种是以长短声为形式的有一定规律的音响，反映行车的作业要求；另一种听觉信号起警报作用，提醒有关人员注意，如司机鸣笛示警，提醒有关人员注意人身安全。听觉信号音源中的“号角”和“口笛”，目前现场通常使用喇叭和口哨发出。

响墩爆炸声及火炬信号的火光，均要求紧急停车。停车后如无防护人员，机车乘务人员应立即检查前方线路，如无异状，列车以在瞭望距离内能随时停车的速度继续运行，但最高速度不得超过 20 km/h。在自动闭塞区间，运行至前方第一架通过（进站）信号机前，如无异状，即可按该信号机显示的要求执行；在半自动或自动站间闭塞区间，运行 1 km 后，如无异状，可恢复正常速度运行。

（1）响墩：一种听觉信号。在扁圆的铁壳内装有炸药，使用时按要求距离放置在轨面上。三枚为一组，其中两枚扣在来车方向的左侧钢轨上，一枚扣在右侧钢轨上，彼此相隔 20 m，如图 1–31 所示。防护人员在距防护对象最近的响墩内方 20 m 处手持停车信号进行防护。

图 1–31 响墩放置示意图

当开来列车的机车车轮压上响墩后，即可发出能与其他声响相区分的有节奏的均匀爆炸声，便于司机发觉后及时停车，设置响墩时应避开道口、道岔、钢轨接头、浸水地点等处所，不应放置在无砟桥及隧道内，如有积雪，应清除后再放置。

手持停车信号的防护人员在看守响墩的同时，其停车信号也是防护手段。当列车停车后，防护人员应告知司机区间情况及注意事项。

（2）火炬：一种特制的视觉信号（与响墩的使用密切相关，因此在此处介绍），也是一种临时紧急信号，当来不及按规定办法放置响墩时，点燃火炬后可发出强烈红色光亮，提示开来的列车见到火光立即停车，如图 1-32 所示。

图 1-32　火炬放置示意图

火炬信号分为插入式和投掷式两种。信号体基本相同，一端为支架，一端有擦火装置。点燃插入式火炬时，应将支架抽出插于线路中间，擦燃火炬顶端的擦火装置。火炬燃烧时温度很高，点燃时不要朝向他人或自己的面部以免受伤。投掷式火炬支架有弹簧装置，使用时擦燃擦火装置，点燃后支架可自行打开，遇必要时可在列车运行中投于线路上，弹簧支架仍可保持信号体的直立显示。

火炬信号的有效燃烧时间一般为 7～10 min，在暴风雨中仍可燃烧。

2. 按使用时间分类

按使用时间分类，信号可分为昼间信号、夜间信号、昼夜通用信号。

1）昼间（从日出至日落）信号

根据信号设备的不同形状、数目或位置来表示信号的意义，如信号旗、臂板信号机的臂板、道岔表示器的标志板等。

2）夜间（从日落至日出）信号

根据信号设备的不同灯光颜色或数量来表示信号的意义，如信号灯、臂板信号机及道岔表示器的灯光等。

3）昼夜通用信号

在昼间及夜间，信号显示方式一致，如色灯信号机的灯光显示等。

在昼间遇降雾、暴风雨雪及其他情况，致使停车信号显示距离不足 1 000 m、注意或减速信号显示距离不足 400 m、调车信号及调车手信号显示距离不足 200 m 时，应使用夜间信号。因为昼间信号是以物体的形状、位置为显示方式，它要借助其他光源（主要是太阳光）的反射。当遇有上述情况，其他光源照度降低，信号的形状、位置就反射不出来，而夜间信号为一点光源，不需反射其他光源的光，就能清晰地看到，为保证行车安全，提高运输效率，所以要使用夜间信号。

因隧道内无阳光照射，光线较暗，用昼间信号机不易瞭望，故规定隧道内采用夜间信号或昼夜通用信号，以提高信号显示距离。在有较好的供电条件时，应优先采用昼夜通用信号。夜间点灯的信号（自动点灯的除外），由车务作业人员负责按时点灯，以保证不间断地使用。

除设备固有技术条件外，背景及信号与确认人之间的物体是影响信号显示的重要因素。因此，在铁路沿线和车站内，为防止行车有关人员误认信号，禁止设置妨碍确认信号的红、黄、绿的装饰彩布、标语和灯光，有些灯光在不同介质条件下，常常呈现黄、绿颜色，有的光线太强，影响行车人员确认，对这样的灯光，应予拆除或采取遮光措施。

3. 按发出信号的机具能否移动分类

按发出信号的机具能否移动分类，信号可分为固定信号、移动信号、手信号。

1）固定信号

固定信号是为防护一定目标，常设在固定地点的信号，如信号机、信号表示器等。

按用途分类，固定信号可分为信号机和信号表示器。

（1）信号机是显示固定信号所用的机具，用来防护站内进路，防护区间，防护危险地点，具有严格的防护意义。信号机按类型分为色灯信号机、臂板信号机和机车信号机。信号机按用途分为进站、出站、通过、进路、预告、接近、遮断、驼峰、驼峰辅助、复示、调车信号机。

（2）信号表示器是对行车人员传达行车或调车意图的，或对信号进行某些补充说明所用的器具，没有防护意义。信号表示器分为道岔、脱轨、进路、发车、发车线路、调车及车挡表示器。

2）移动信号

移动信号是临时设置的，可以移动的信号，如临时防护信号、火炬等。

3）手信号

手信号是以信号旗、信号灯或手势表达的信号。

4. 按显示装置类型分类

按显示装置类型分类，信号机可分为色灯信号机、臂板信号机和机车信号机。

1）色灯信号机

色灯信号机是以灯光颜色和数目的变化显示信号的装置。

2）臂板信号机

臂板信号机昼间是以臂板的不同位置、形状、颜色及数目等特征显示信号；夜间装有照明灯具，以不同颜色和数目的灯光显示信号，如图1–33所示。

3）机车信号机

机车信号机是装在机车司机室内，用以反映地面信号信息显示的装置，如图1–34所示。

图1–33 臂板信号机

图1–34 机车信号机

机车信号分为：

① 三显示自动闭塞区段连续式机车信号；

② 四显示自动闭塞区段连续式机车信号；

③ 接近连续式机车信号。

5. 按地位分类

按地位分类，信号机还可分为主体信号机和从属信号机。

1）主体信号机

主体信号机是能够独立地显示信号，指示列车或调车车列运行条件的信号机，如进站、出站、进路、通过、驼峰、调车信号机等。

2）从属信号机

从属信号机是本身不能独立存在，只能依附于某种信号机的信号机。

预告信号机从属于进站信号机、所间区间的通过信号机、遮断信号机；

复示信号机从属于进站、进路、出站、驼峰、调车等信号机。

6. 按安装方式分类

按安装方式分类，信号机可分为高柱信号机、矮型信号机、信号托架和信号桥（见图1-35）。

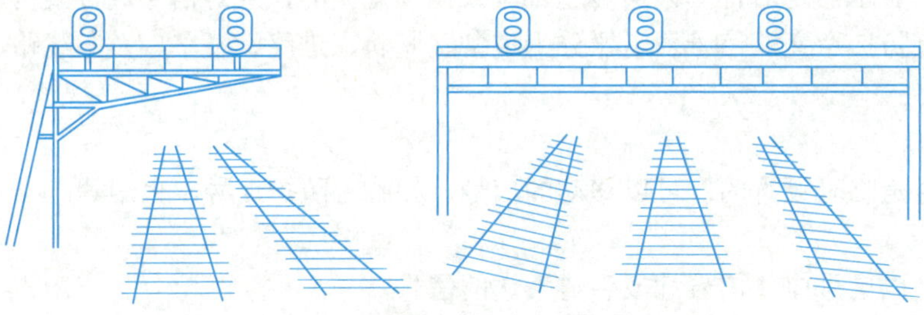

(a)信号托架　　(b)信号桥

图1-35　信号托架和信号桥

1）高柱信号机

高柱信号机具有显示距离远、观察位置明确等优点，其信号装置安装在信号机柱上，一般用于显示距离要求较远的情况。

在办理通过列车的到发线上的出站、发车进路色灯信号机，不论是否装设机车信号均应采用高柱色灯信号机。

2）矮型信号机

矮型信号机设于建筑限界下部的外侧，一般用于显示距离要求不远的情况。

道岔区内的调车信号机、驼峰调车场的线束调车信号机、自动闭塞区段隧道内的通过信号机因受场所的限制，亦可采用矮型信号机。

特殊情况需设矮型信号机时，须经铁路局批准。

3）信号托架和信号桥

因受限界限制，不能安装信号机柱时，则以信号托架和信号桥代替。

7. 按动作方式分类

按动作方式分类，信号机可分为手动信号机、半自动信号机、自动信号机。

1）手动信号机

开放信号和关闭信号都由人工操作，如臂板信号机。

2）半自动信号机

开放信号由人工操作，关闭信号除由人工操作外，还受列车本身自动控制，如进站信号机、出站信号机、调车信号机等。

3）自动信号机

开放信号和关闭信号都受列车本身自动控制，如自动闭塞区段的通过信号机，半自动闭塞区段的接近、预告信号机等。

按停车信号的意义分类，固定信号可分为绝对信号和容许信号。

（1）绝对信号。当显示停车信号时，在没有引导信号的情况下，绝对禁止列车越过绝对信号，所有手动的或半自动的主体信号机，都属于这一类。

（2）容许信号。自动动作的主体信号机，如自动闭塞区间的通过信号机即属于这一类。当容许信号的信号机显示一个红色灯光（见图1–36）时，列车停车两分钟后，仍未显示允许信号时，可按遇到阻碍能随时停车，即不超过20 km/h限制速度越过它，并按照下一个信号显示运行。

图1–36 一个红色灯光

为了保证行车安全和提高运输效率，自动闭塞区段的通过信号机，不宜设置在起动困难的地点，以及货物列车在上坡道上停车后起动困难的地点。特殊情况下，信号机必须设在上坡道货物列车停车后起动困难的地点时，则应在该通过信号机上装设容许信号。

进站信号机前方的第一架通过信号机，因已接近车站，列车在车站外停车可能性较大，如允许后续列车不停车通过该信号机时，可能发生追尾事故，因此不得在该信号机上装设容许信号。

（三）信号机具设置位置

信号机设在列车运行方向的左侧或其所属线路的中心线上空。反方向运行进站信号机可设在列车运行方向的右侧；其他特殊地段因条件限制，需设于右侧时，须经铁路局集团公司批准。

我国铁路采用左侧行车制，机车司机的位置统一设在左侧，为了便于司机瞭望信号，规定所有信号机均应设在列车运行方向的左侧。装设在信号桥或信号托架上的信号机，可以设在线路左侧，也可以设在其所属线路的中心线上空。

若反方向运行进站信号机受限界等限制时可设在列车运行方向的右侧。其他信号机在特殊情况下，如线路左侧没有装设信号机的条件（托架也无法装设）或因曲线、隧道、桥梁等影响，在保证不致使司机误认的条件下，经铁路局批准，也可设于右侧。

在确定信号机设置地点时，除应满足信号显示距离的要求外，还应考虑信号机不致被误认为邻线的信号机，装在右侧的信号机更应注意。

（四）信号装置显示距离

信号的显示距离，是指从机车上能够连续确认的显示距离。其前提条件是列车运行速度不超过120 km/h时，紧急制动距离应不大于800 m。

各种信号机及表示器，在正常情况下的显示距离如下。

（1）进站、通过、接近、遮断信号机，不得小于 1 000 m。

进站、通过、接近、遮断信号机的显示距离规定为不小于 1 000 m，是考虑了 800 m 的列车紧急制动距离和 200 m 的司机确认信号时间和开始制动列车走行的距离，这样在信号机显示红灯时，司机确认信号后可以保证在信号机前停车。

（2）高柱出站、高柱进路信号机，不得小于 800 m。

高柱出站和高柱进路信号机因前方已有进站或进路信号机起到预告显示的作用，同时，这些信号机都设在站内，所以规定其显示距离不得小于 800 m。

（3）预告、驼峰、驼峰辅助信号机，不得小于 400 m。

预告信号机本身没有停车信号的显示，仅仅是预告其主体信号机的显示状态，所以显示距离规定不得小于 400 m；驼峰信号机，因调车速度较低，所以显示距离规定不得小于 400 m；驼峰辅助信号机，其显示距离与驼峰信号机相同，因此也规定为不得小于 400 m。

（4）调车、矮型出站、矮型进路、复示信号机，容许、引导信号及各种表示器，不得小于 200 m。

调车信号机，因调车速度较低；复示信号机是一种附属性质的信号，重复主体信号机的显示；容许信号和引导信号是在司机未看到其显示之前，已经看到了主体信号机的显示，所以规定这些信号的显示距离不得小于 200 m。在不办理通过列车的到发线上，由于容易确认信号，装设的矮型出站、矮型进路信号机，其显示距离规定不得小于 200 m；各种表示器，只是起到表示的作用，不是绝对信号，并受机体构造的限制，所以其显示距离规定不得小于 200 m。

在地形、地物影响视线的地方，进站、通过、接近、预告、遮断信号机的显示距离，在最坏的条件下，不得小于 200 m。

对进站、通过、接近、遮断信号机的显示距离应当严格要求。在装设此类信号机时，应选择适当地点，尽可能使其显示距离达到标准。但因条件限制，如在山区弯道多、曲线半径小、隧道接连不断等最坏情况下，实在无法达到标准时，考虑到此类信号机均设有预告信号机，因此允许降低到不小于 200 m 的最低标准。预告信号机的显示距离在最坏条件下，不得小于 200 m。

（五）信号机的定位状态

信号机的定位，是指无列车运行的条件下，信号机经常保持的显示状态。使用完毕后须立即恢复到规定的显示状态，即定位显示。

（1）进站、出站、进路、调车、驼峰、驼峰辅助信号机均以显示停车信号为定位；线路所的通过信号机以显示停车信号为定位，其他通过信号机以显示进行信号为定位。

进站信号机、接车进路信号机、接发车进路信号机、调车信号机、驼峰信号机及驼峰辅助信号机、线路所的通过信号机的显示是指示列车由区间进入分界点（车场）或防护处所起防护作用的信号机；出站信号机、发车进路信号机是起防护作用的信号机，其显示是指示列车能否向区间（或车场）发车；调车信号机是起防护作用的信号机，其显示是指示调车车列能否向信号机防护的进路调车。上述各种信号机，对行车安全有着重要作用，所以规定均以显示停车信号为定位。

通过信号机主要有两类：自动闭塞区段一般的区间通过信号机、线路所（辅助所）的通过信号机。

① 自动闭塞区段一般的区间通过信号机设于闭塞分区的分界处，不防护区间道岔，一般

采用“绿–红–黄”三灯位机构型式，可能装设容许信号机构。一般未加特殊说明者，“通过信号机”所指即为该类。

② 线路所（辅助所）的通过信号机设于所间区间的分界处，用于防护线路所（辅助所）。该线路所（辅助所）既可能位于非自动闭塞区段的站间区间，也可能位于自动闭塞区段的站间区间；既可能设有分歧道岔，也可能没有分歧道岔。

区间设有分歧道岔时，可实现列车转线运行；非自动闭塞区段两相邻车站之间距离较长时，增设区间通过信号机可提高运输效率。防护分歧道岔时采用进站信号机的机构型式（封闭引导信号）；不防护分歧道岔时，在非自动闭塞区段一般采用“绿–红”二灯位机构型式，在自动闭塞区段一般采用“绿–红–黄”三灯位机构型式，均不装设容许信号机构。该类通过信号机应由列车调度员（车站值班员）办理方可开放允许信号。

除线路所的通过信号机外，自动闭塞区段的一般通过信号机均是其后方信号机的预告信号机。它是根据列车运行在不同闭塞分区而自动变换信号显示的。为提高通过能力，保证列车经常能在绿色灯光下运行，故规定该信号机以显示进行信号为定位。

（2）接近信号机、进站预告信号机、非自动闭塞区段通过信号机的预告信号机及通过臂板，以显示注意信号为定位。

遮断、遮断预告、复示信号机以无显示为定位。

预告信号机共有三类：进站预告信号机、非自动闭塞区段通过信号机的预告信号机、遮断预告信号机。前两者以显示注意信号为定位，后者常态下不点灯。

接近信号机、进站预告信号机及通过臂板，是附属于主体信号机的，仅能表示主体信号的显示状态。因主体信号机以显示停车信号为定位，故规定它们均以显示注意信号为定位。

线路所（辅助所）通过信号机的预告信号机亦以显示注意信号为定位。

（3）在自动闭塞区段内的车站（线路所），如将进站、正线出站信号机及其直向进路内的进路信号机转为自动动作时，以显示进行信号为定位。

为提高区段通过能力，减少车站值班员办理进路的次数，在自动闭塞区段内的车站（线路所），当进站信号机、正线出站信号机及其直向进路内的进路信号机转为自动动作时，该信号机即以显示进行信号为定位。此处“直向进路”是指从进站信号机到正线出站信号机的进路内无道岔或道岔均开通直向位置。

（六）信号机的关闭时机

（1）集中联锁车站的进站、进路、出站信号机，以及通过信号机，当机车或车辆第一轮对越过该信号机后自动关闭。

在自动闭塞区段或集中联锁的车站，均设有轨道占用检查装置（如轨道电路），当机车车辆第一轮对越过进站信号机、进路信号机、出站信号机、通过信号机等列车信号机，进入其内方轨道区段时，信号机即自动关闭，以确保行车安全。

（2）调车信号机在调车车列全部越过调车信号机后自动关闭；当调车信号机外方不设轨道占用检查装置或虽设轨道占用检查装置而占用时，应在调车车列全部出清调车信号机内方第一轨道区段后自动关闭，根据需要也可在调车车列第一轮对进入调车信号机内方第一轨道区段后自动关闭。

调车作业比较复杂，经常有推送作业，调车机车乘务员瞭望运行前方的调车信号机显示应处于开放状态，因此调车信号机应在调车车列全部越过调车信号机后自动关闭；取送车辆作业时，在股道、货物线上（可能未设轨道占用检查装置）会留有车辆，而设备本身无法判断“调车车列全部越过调车信号机”这一过程，因此当调车信号机外方不设轨道占用检查装置或虽设轨道占用检查装置而占用时，在调车车列全部出清调车信号机内方第一轨道区段后自动关闭。根据需要也可在调车车列第一轮对进入调车信号机内方第一轨道区段后自动关闭，例如在专用的机走线和机务段出口处及机待线上的调车信号机。

（3）引导信号应在列车头部越过信号机后及时关闭。

引导信号也是指挥行车的列车信号，其关闭的时机与上面第（1）项的要求相同，应在列车头部越过信号机后及时关闭。

（4）非集中联锁车站的进站信号机及线路所通过信号机，在列车进入接车线轨道区段后自动关闭，出站信号机应在列车进入出站方面轨道区段后自动关闭。

在非集中联锁的车站，道岔区一般不设轨道占用检查装置，道岔的锁闭关系是通过信号开放或关闭实现的。若关闭信号机过早，就会造成列车进路中的道岔解锁，敌对信号机可能开放，不能保证行车安全；若关闭信号机过迟，将影响续行列车的接发或调车作业，降低运输效率。所以应按规定及时关闭。在半自动闭塞区段的车站，出站信号机的开放是人工操纵的，出站信号机的关闭是自动的，因此称为半自动闭塞。当列车进入出站方面轨道区段时，出站信号机即自动关闭，实行区间闭塞，表示列车已占用区段，从而可以保证行车安全。

（5）非集中联锁车站，由手柄操纵的信号机：进站信号机在确认列车全部进入接车线警冲标内方，出站信号机在列车全部越过最外方道岔并确认列车全部进入出站方面轨道区段后，恢复手柄，关闭信号。

在非集中联锁的车站，为避免半自动闭塞出站信号机的操纵手柄恢复过早，造成闭塞上的错误或进路上的道岔提前解锁，规定半自动闭塞出站信号机的手柄，必须在列车全部越过最外方道岔，并确认列车全部进入出站方面轨道区段后，才能恢复。

（6）信号设备故障（包括信号机、道岔、轨道电路、闭塞设备故障）或关联信号机关闭时，信号机应及时关闭。

（7）办理取消或解锁进路时，信号机应及时关闭。

二、联锁

（一）联锁的定义

为了保证行车安全，通过技术方法使进路、道岔和信号机之间按一定程序、一定条件建立起的既相互联系又相互制约的关系，即为联锁。

（二）联锁设备分类

联锁设备分为非集中联锁（色灯电锁器联锁和臂板电锁器联锁）和集中联锁（计算机联锁和继电联锁）。

1. 非集中联锁

非集中联锁用电锁器来实现联锁关系，由安装电锁器的道岔握柄与转换锁闭器配合，用人工在现场就地分散操纵道岔，信号机可采用色灯信号机和臂板信号机。采用色灯信号机的电锁器联锁称为色灯电锁器联锁。采用臂板信号机的电锁器联锁称为臂板电锁器联锁。

臂板电锁器联锁的信号机由车站值班员控制，扳道员在现场操纵。色灯电锁器联锁的信号机由车站值班员通过控制台操纵。

电锁器联锁作业效率低，安全程度差。随着我国铁路信号现代化的进程，已逐渐被淘汰。

2. 集中联锁

集中联锁包括继电联锁和计算机联锁。

用继电器组成的电路来进行控制并实现联锁的设备，称为继电式集中联锁，简称继电联锁。

20 世纪 80 年代以来，我国在大力发展电气集中的基础上，又引进电子计算机，使用计算机联锁。计算机联锁进一步提高了可靠性，扩展了功能，在设计、施工、维修和使用等方面也更为方便。

（三）联锁的技术要求

站内正线及到发线上的道岔，均须与有关信号机联锁。区间内正线上的道岔，须与有关信号机或闭塞设备联锁。

1. 各种联锁设备（驼峰除外）应满足的条件

（1）当进路上的有关道岔开通位置不对或敌对信号机未关闭时，防护该进路的信号机不能开放；信号机开放后，该进路上的有关道岔不能扳动，其敌对信号机不能开放。

（2）半自动闭塞、自动站间闭塞及三显示自动闭塞区段，正线上的出站信号机未开放时，进站信号机不能开放通过信号；主体信号机未开放时，预告信号机不能开放。

（3）装有转换锁闭器，电动、电液转辙机的道岔，当第一连接杆处的尖轨与基本轨间、心轨与翼轨间有 4 mm 及以上水平间隙时，不能锁闭或开放信号机。

（4）区间辅助所内正线上的道岔，未开通正线时，两端站不能开放有关信号机。设在辅助所的闭塞设备与有关站闭塞设备应联锁。

2. 非集中联锁设备应达到的技术要求

非集中联锁设备，应保证车站值班员能控制接、发车进路和信号机的开放与关闭。

非集中联锁设备，在控制台上应有接、发列车的进路开通表示；采用色灯电锁器联锁时，还应有进站信号机的开放、关闭，以及出站信号机、引导信号的开放表示；到发线设有轨道电路时，应有到发线的占用表示。

3. 集中联锁设备应达到的技术要求

集中联锁设备应保证：当进路建立后，该进路上的道岔不能转换；当道岔区段有车占用时，该区段的道岔不能转换；列车进路向占用线路上开通时，有关信号机不能开放（引导信号除外）；能监督是否挤岔，并于挤岔的同时，使防护该进路的信号机自动关闭，被挤道岔未恢复前，有关信号机不能开放。

集中联锁设备，在控制台（或操纵、表示分列式的表示盘及监视器）上应能监视线路与道岔区段是否占用、进路开通或锁闭，复示有关信号机的显示。

通过联锁，可以防止建立会导致机车车辆相冲突的进路；可以使列车或调车车列经过的所有道岔均锁闭在与进路开通方向相符的位置；可以使信号机的显示与所建立的进路相符。

（四）联锁关系基本内容

1. 道岔与进路间的联锁

道岔有定位和反位两个位置，进路有锁闭和解锁两种状态。道岔位置正确，进路才能锁闭；进路解锁，道岔才能经操纵后变位，这就是存在于道岔和进路之间的基本联锁关系。

如图 1-37 所示，当排列下行 3G 接车进路时，应将 1 号道岔扳到定位而将 3 号道岔扳到反位。当道岔位置符合开通方向时称为进路在开通状态；当进路的有关道岔锁在规定位置时则不应该再扳动，我们把对道岔的这种锁闭称为进路锁闭。道岔在进路锁闭之后便处于锁闭状态，反之则处于解锁状态。

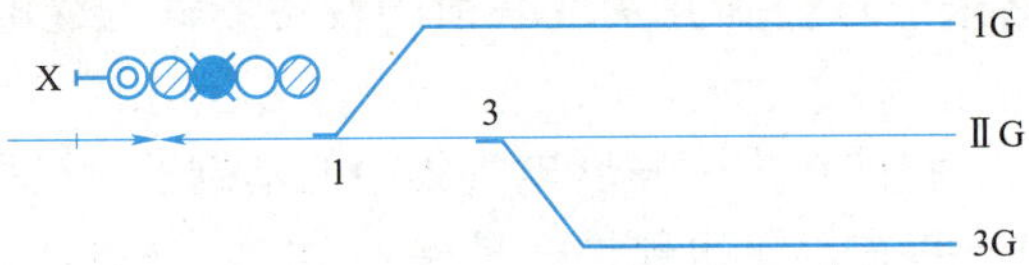

图 1－37 道岔与进路间的联锁

2. 道岔与信号机间的联锁

因为进路是由信号机防护的，所以道岔与进路间的联锁也可以用道岔与信号机之间的联锁来描述。如图 1－38 所示，进站信号机 X 防护着两条进路：一条是要求 1 号道岔在定位的Ⅰ道下行接车进路；另一条要求 1 号道岔在反位的 2 道下行接车进路。因此信号机 X 与 1 号道岔之间的联锁关系，既有定位锁闭关系，又有反位锁闭关系。既然 1 号道岔在定位也准许开放信号机 X，1 号道岔在反位也准许开放信号机 X，如果两者不采取一定的锁闭措施，将会影响行车安全。道岔除定位和反位两种位置外，还有不正常的位置，如道岔不密贴或道岔被挤等，也就是说，道岔在不正常位置时是不许开放信号机的。

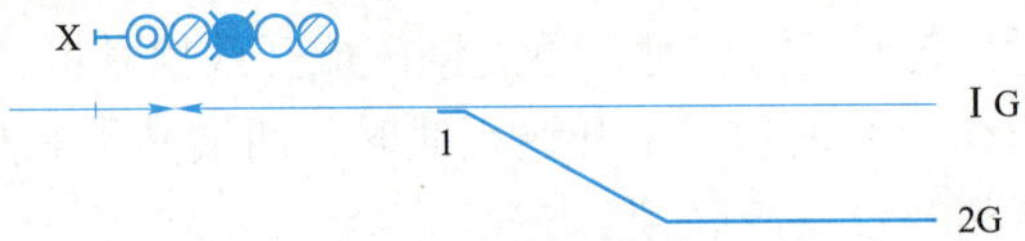

图 1－38 道岔与信号机间的联锁

3. 进路与进路间的联锁

在进路与进路之间，存在着两种性质不同的联锁关系：一是抵触进路；二是敌对进路。

（1）抵触进路：如图 1－38 所示，下行接车进路有两条，其一，当建立下行Ⅰ道接车进路时，要求 1 号道岔在定位；其二，当建立下行 2 道接车进路时，则要求 1 号道岔在反位。因此，这两条接车进路不能同时建立。这样由于道岔位置不同而不能同时建立的进路，叫作抵触进路。既然抵触进路不可能同时建立，那么不需要另外采取锁闭措施。

（2）敌对进路：如图 1－39 所示，如果同时建立上行 1 道接车进路和下行 1 道接车进路，显然会引起列车正面相撞的危险。像这样不能用道岔位置来直接控制易引起列车正面相撞的两条进路，即互为敌对进路。

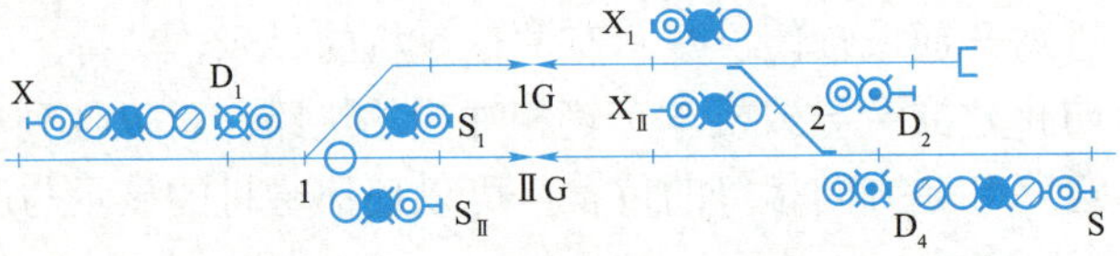

图 1－39 进路与进路间的联锁

根据《铁路信号维护规则》规定，在站内联锁设备中，除引导接车外，属于敌对进路（必须互相照查，不能同时开通的进路）的为：

① 同一到发线上对向的列车进路与列车进路，如下行 1 道与上行 1 道的接车进路。

② 同一到发线上对向的列车进路与调车进路，如下行Ⅱ道接车进路与 D_4 向Ⅱ道调车进路。

③ 同一咽喉区内对向重叠的列车进路，如下行Ⅱ道接车进路与上行Ⅱ道发车进路或 D_1 向Ⅱ道调车进路与 S_{II} 向 D_1 调车进路。

④ 同一咽喉区内对向重叠的调车进路。

⑤ 同一咽喉区内对向重叠或顺向重叠的列车进路与调车进路，如下行Ⅱ道接车进路与上行Ⅱ道 S_{II} 向 D_1 调车进路为同一咽喉区内对向重叠的列车进路与调车进路；又如下行Ⅱ道接车进路与下行 D_1 向Ⅱ道调车进路为同一咽喉区内顺向重叠的列车进路与调车进路。

由此可知，敌对进路有如下特点：两条进路有重叠部分，而且不能以道岔的位置使它们区别开来。

⑥ 进站信号机外方，列车制动距离内接车方向为超过 6‰的下坡道，而在该下坡道方向的接车线末端未设线路隔开设备时，该下坡道方向的接车进路与对方咽喉的接车进路、非同一到发线顺向的发车进路及对方咽喉调车进路。

⑦ 防护进路的信号机设在侵入限界的轨道绝缘节处，禁止同时开通的进路。

⑧ 向驼峰推送车列占用的股道与另一端向该股道的接车进路或调车进路。

⑨ 咽喉区内无岔区段上对向的调车进路（到发线上无岔区段应根据具体情况及运营要求另作规定）。

4. 进路与信号机间的联锁

信号机是防护进路的，只有在进路处于开通状态，与进路有关的道岔被锁闭，以及敌对进路没有建立的条件下，才能开放信号机。信号机一旦开放后，进路上的有关道岔及敌对信号均被锁闭。只有信号关闭后，才有可能解锁进路，也只有这样，才能保证行车安全。

5. 道口设备联锁

车站有临近站内道口时，当办理经过该道口的路票发车、绿色许可证发车、越站调车、排列经过道口的调车进路时，该道口不能发出列车接近报警，要求值班员随时掌控列车的动态，提前电话通知道口员，以便道口员知道列车的情况，及时采取手动措施保证道口安全。

自动闭塞区间的道口，在防护道口的两端线路上设置遮断信号机时，当道口员使用了道口遮断按钮时，在防护道口的闭塞分区上将发 HU 码，列车运行到该闭塞分区时将收到 HU 码停车。

（五）变通进路

在较大车站的咽喉区内，进路的始端和终端之间往往有几条径路可以排列，根据作业需要规定其中一条径路（一般选取路径最短，所经过的道岔最少，对平行作业影响最小的）为基本进路，其余的径路则称为变通进路。

具备变通进路按钮的条件如下。

（1）在变通进路上设有变通进路按钮时，它既可作任何方向的列车进路的变通按钮，又可兼作任何方向调车进路的变通按钮。

（2）只有与始端调车信号机运行方向相反的单置调车信号机处的调车按钮，才能兼作长调车进路的变通进路按钮。

（3）在咽喉区内调车信号机的调车按钮，可兼作列车进路的变通进路按钮，但不能兼作调车进路的变通进路按钮。

三、闭塞

（一）区间闭塞的基本概念

为了保证行车安全，并使线路具有一定的通过能力，需要把铁路线路划分为若干个区间，单线铁路每个区间同一时间内只准许一列列车运行，双线铁路每个区间的每个方向只准许一列列车运行。

由车站发车时，必须确认区间内无车。在单线铁路上要防止两个车站同时向一个区间发车。因为列车在单线铁路上对向运行时，无法以相互避让的方法避免迎面冲突。在双线铁路上，虽然允许对向列车向区间运行，但必须防止同方向的追踪连续发车。这是因为如果后发列车速度快，会产生后续列车追撞前行列车的可能性。为了防止两列列车在区间线路上发生迎面相撞事故和同方向同线路上运行的两列列车发生追尾的撞车事故，就必须按照一定的方法组织列车在区间的运行，使列车通过站间、所间、闭塞分区时，或由设备控制或由人为控制。保证同一时间内只有一个列车占用区间，并使列车与列车之间保持一定距离的技术方法，称为行车闭塞法，或叫作闭塞。用于办理行车闭塞，保证达到闭塞技术要求的设备，称为闭塞设备。

实现区间的闭塞任务，是由两个车站的值班员来完成的。列车司机必须根据车站值班员给出的行车凭证，证明已经办好了闭塞手续后，才能发车。为了保证列车在区间内的行车安全和提高区间的通过能力，在取得行车凭证时，一方面必须保证区间是空闲的，并且已经杜绝了有开来迎面列车的可能性；另一方面要求尽量减少办理闭塞手续和发出凭证的时间，以缩短列车间隔时间。

1. 实现行车闭塞的方法

1）时间间隔制

时间间隔制就是前行列车和追踪列车必须保持一定时间的行车方法。

列车按照事先规定好的时间由车站发车，使两列列车之间间隔一定的时间运行。铁路发展初期，曾经使用这种方法，由于在单位时间内列车发车次数逐渐增多，速度越来越快，有时列车在区间内会发生运缓、停车或分离等事故，这种方法显然不能保证行车安全。

2）空间间隔制

空间间隔制就是前行列车和追踪列车必须保持一定距离的行车方法。

将铁路线路分成若干个线段（区间或闭塞分区），在每个线段内，同一时刻只准许一列列车运行，即将列车按空间间隔隔开。这种方法能较好地保证行车安全，所以它迅速取代了时间间隔法。

2. 发车权

闭塞过程包括占用区间权即发车权的取得、列车出发占用区间、列车由区间出清、区间重新空闲全过程。无论采用哪种闭塞方式，其最终目的都是解决发车权问题。发车权的取得必须满足以下条件。

（1）在单线区间，为了保证同一时间内、同一个区间只有一列列车占用，发车站必须在确认区间空闲的条件下，取得相邻车站同意接车的通知，并办理规定的闭塞手续，取得发车权后，方可向区间发出列车。

（2）双线区间的行车，采用上、下行列车分别固定在上、下行运行线路上运行的办法，即双线正方向运行时，由闭塞设备控制，发车权归发车站所有。发车站只要确认区间空闲即可发车。其方法是在自动闭塞区段，通过车站控制台监督器确认第一、第二闭塞分区空闲后不必征得接车站的同意，即可发出双线正方向运行的列车。

（3）无双线反方向运行闭塞设备的车站，开行反方向运行列车时，必须确认区间空闲，同时还必须取得列车调度员发出的同意改变基本闭塞法的调度命令，征得邻站同意接车，办理电话闭塞手续，取得发车权后方可发出反方向运行的列车。

我国铁路基本闭塞法的种类，有自动闭塞和半自动闭塞两种。当基本闭塞设备不能使用时，采用代用闭塞法即电话闭塞。

（二）自动闭塞

自动闭塞是由运行的列车自动完成闭塞作用的一种行车闭塞方法。在自动闭塞区段，将一个站间区间划分为若干个闭塞分区，由装设在每一个闭塞区间始端的通过信号机进行防护（第一闭塞分区由出站信号机防护）；区间设置连续式轨道电路，从而反映列车占用或线路发生断轨等情况；区间的通过信号机在列车占用或出清闭塞分区时，能自动地转换信号显示，指示追踪列车的运行条件。因此，自动闭塞能使列车密度增加，提高通过能力。自动闭塞是把轨道电路、信号机和闭塞结合成一体的设备，它可以运用在单线铁路区段上，但更主要的是广泛运用在双线铁路区段上。自动闭塞原理示意图如图1－40所示。

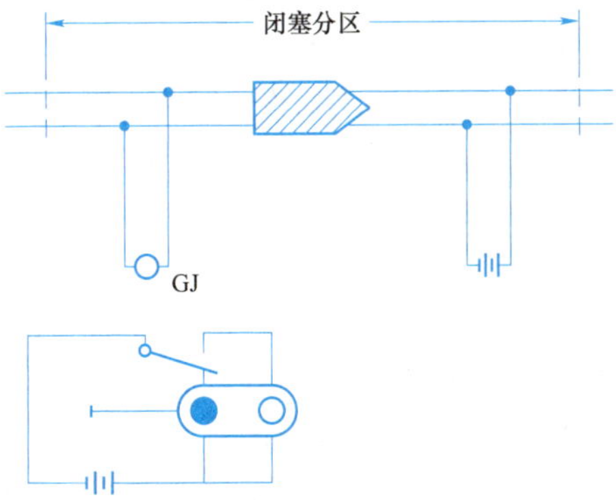

图1－40　自动闭塞原理示意图

目前我国自动闭塞主要采用三显示和四显示两种制式。在高速铁路区段采用准移动闭塞制式，并向移动闭塞制式发展。

1. 自动闭塞设备应满足的条件

（1）闭塞分区被占用或轨道电路失效时，防护该闭塞分区的通过信号机应自动关闭。

（2）当进站及通过信号机红灯灭灯时，其前一架通过信号机应自动显示红灯。带红灯保护区的四显示区段，保护区的通过信号机红灯灭灯时，其前一架信号机可自动显示黄灯。

（3）双向运行的自动闭塞区段，在同一线路上，当一个方向的通过信号机开放后，相反方向的信号机均须在灭灯状态，与其衔接的车站向同一线路发车的出站信号机开放后，对方车站不得向该线路开放出站信号机。

（4）双向运行的自动闭塞区段，当区间被占用或轨道电路失效时，经两站工作人员确认后，可通过规定的手续改变运行方向。

（5）双向运行的自动闭塞区段，当发生设备故障或受外电干扰时，不得出现敌对发车状态。

（6）闭塞设备中，当任一元件、部件发生故障或钢轨绝缘破损时，均不得出现信号的升级显示。

(7) 在自动闭塞区段，站内控制台上应设有下列区间表示：

① 双向运行区间列车运行方向及区间占用。

② 邻近车站两端的正线上，至少相邻两个闭塞分区的占用情况。

③ 必要的故障报警。

2. 三显示自动闭塞

三显示自动闭塞，区间通过信号机具有红、黄、绿三种灯光。两列车之间一般隔两个闭塞分区，使列车经常在绿灯下运行，并能得到前一架通过信号机的预告通知，为提高行车速度和保证行车安全，创造了良好条件，如图 1-41 所示。

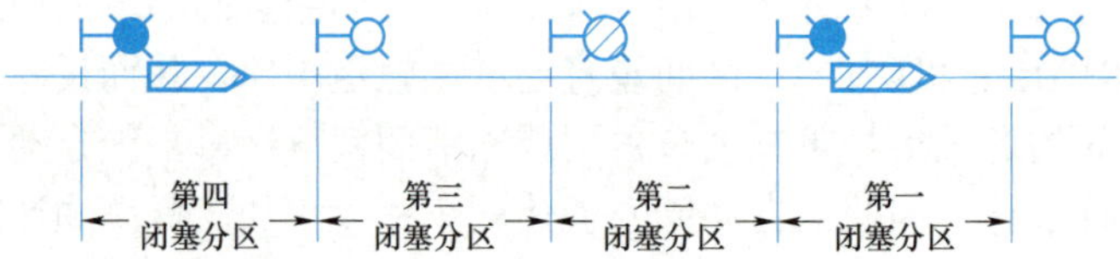

图 1-41　三显示自动闭塞示意图

当列车进入第一个闭塞分区时，第一架通过信号机显示红灯；第二架通过信号机显示黄灯；第三架通过信号机显示绿灯。在绿色信号运行的情况下，列车可以进入第四个闭塞分区，从而使第四架通过信号机也显示红灯。由于自动闭塞设备对列车的防护是自动进行的，它不再需要车站值班员办理闭塞手续，而是根据各个闭塞分区的空闲或占用状态，自动变换通过信号机的显示，指示列车运行，因而可以加大自动闭塞区间内的行车密度，提高铁路区间的通过能力。

1) 三显示自动闭塞的特点

(1) 在三显示自动闭塞区段车站，车站控制台上设有邻近车站的两个闭塞分区占用情况表示灯，第一接近、第二接近、第一离去、第二离去表示灯。接车时当列车进入第一接近或第二接近区段时，控制台上电铃发出短时间音响信号，接近表示灯亮灯，以提醒车站值班员注意，准备接车；发车时出站信号机的开放，受第一离去和第二离去区段占用的限制。车站值班员在开放出站信号机前，必须确认第一离去和第二离去区段的空闲情况。

(2) 双线自动闭塞区段车站发车时，车站值班员不需要办理闭塞手续，发车进路准备妥当后，从控制台上确认第一离去及第二离去区段的空闲情况，当符合发车条件时，即可开放出站信号机发车。为了便于接车站做好接车准备，发车站应向接车站通报列车车次、列车出发时刻及有关注意事项。

(3) 单线自动闭塞区段上的发车方向一经确定，为保证列车运行秩序或重要列车的运行，车站值班员在转换发车方向之前，除确认站间区间空闲外，还须得到列车调度员准许，方可办理转换手续。

按下发车按钮，该运行方向的通过信号机亮灯，同时发车方向表示灯及接车站的接车表示灯亮灯，车站值班员即可开放出站信号机发车。列车到达后，接车站的接车表示灯和发车站的发车表示灯熄灭，区间空闲。

2) 三显示自动闭塞区段列车进入闭塞分区的凭证

正常情况下，列车进入闭塞分区的凭证，是出站或通过信号机的黄色或绿色灯光。

3. 四显示自动闭塞

随着列车运行速度的不断提高和行车密度的不断增加，各种列车的运行速度和制动距离出现了很大差异，运行速度超过 120 km/h 的列车运行在三显示自动闭塞区段时，列车越过显示黄灯的通过信号机时开始减速，至次架显示红灯的信号机前方停车，列车的实际制动距离仅有一个闭塞分区的长度。由于列车牵引重量及列车运行的速度不同，若按运行速度快、牵引重量大的列车确定闭塞分区长度，将使列车运行速度低的列车运行间隔加大，降低了区间通过能力；若按运行速度慢、牵引重量小的列车确定闭塞分区长度，则不能保证高速列车的行车安全。在列车运行速度超过 120 km/h 的双线区段，应采用速差式自动闭塞，列车紧急制动距离由两个及以上闭塞分区长度保证。

四显示自动闭塞正是解决列车运行速度限制，提高列车区间通过能力的最佳显示制式。四显示自动闭塞在原有黄、绿、红显示的基础上增加一个绿黄显示，如图 1-42 所示。

图 1-42 四显示自动闭塞示意图

四显示自动闭塞分 3 个速度等级，分别对应黄、绿、绿黄三种显示，每种显示都有明确的速度含义。区间通过信号机显示绿色灯光时，准许列车按规定速度运行，表示列车运行前方至少有三个闭塞分区空闲。区间通过信号机显示一个绿色灯光和一个黄色灯光时，对于未提速的列车相当于绿色灯光显示，列车可不减速；但对于提速列车则可起到提醒司机注意的作用，预告列车运行前方只有两个闭塞分区空闲，要求司机注意运行或减速。区间通过信号机显示黄色灯光时，要求列车减速运行，按限速要求越过该信号机，表示列车运行前方有一个闭塞分区空闲。综上所述，对于提速列车用两个闭塞分区长度来满足紧急制动距离的要求，按 4 个闭塞分区计算列车追踪间隔；对于非提速列车一个闭塞分区即满足了紧急制动距离的要求，可按 3 个闭塞分区计算列车追踪间隔。这样每个闭塞分区长度就可以缩小，从而压缩了列车运行间隔，有效地协调了快速列车和普通列车在同一线路上的运行，各自的安全和效率都得到了保证，缓解了因客车提速而引起的客、货运输互相争运能的矛盾。

1）四显示自动闭塞的特点

（1）四显示自动闭塞区段的通过、进站、出站、进路信号机能显示绿色、绿黄色、黄色、红色四种灯光信号。其中进站（含反方向进站）、接车进路信号机还能显示两个黄色灯光。进站、接车进路信号机附设有引导信号，出站、发车进路、接车进路信号机附设有调车信号。停车后起动困难的通过信号机装有容许信号（反方向为容许信号标）。

（2）线路闭塞设备为双线双方向四显示自动闭塞制时，车站设有正、反方向进站、出站信号机，反方向进站信号机用于明显区分正、反方向运行的信号显示，以便司机掌握列车运行条件。受限界影响，其多数设在反方向运行线路的右侧。

控制台上设有一接近、二接近、三接近、一离去、二离去、三离去区间占用表示灯，以便车站值班员确认邻近闭塞分区的空闲情况，并根据列车性质及运行情况所需要的闭塞分区空闲条件，开放出站信号机，发出列车。

（3）装设列车速度监督设备。机车上装有带速度监督的机车信号设备或列车运行控制系统，区间轨道电路采用 UM71 或 ZPW-2000A 型轨道电路，以及站内正线电码化设备。当列车运行速度超过速度监督设备规定的速度时，自动迫使列车停车。

（4）相邻两个闭塞分区长度之和能满足列车从最高速度实施停车的制动距离需要。任一闭塞分区长度能满足列车按速度监督要求分级减速制动距离的需要，闭塞分区长度一般为600～1 000 m。

（5）设红灯保护区，即列车在区间正方向运行时，列车尾部后方连续两架通过（含出站）信号机显示红色灯光。

列车在区间正、反方向运行，四显示机车信号均具有地面闭塞分区追踪序列的显示和红灯保护区条件。

（6）进站信号机未开放时，其外方连续两架通过信号机显示黄色灯光。

（7）区间通过信号机灯泡双断丝灭灯时，向前方第一架信号机转移黄灯；区间线路发生断轨或发生短路时，向前方两架信号机转移红灯；正向进站信号机红灯双断丝灭灯或点红灯而其防冒进的点式设备故障时，无灯光转移，只有电码转移。

2）四显示自动闭塞区段列车进入闭塞分区的凭证

正常情况下，列车从车站进入闭塞分区的凭证，是出站或通过信号机的黄色、绿黄色灯光、绿色灯光，旅客客车及跟随旅客客车后面通过的列车为出站信号机的绿黄色或绿色灯光，但特快旅客列车从车站通过时为出站信号机的绿色灯光。

反方向运行时，按自动站间闭塞掌握。

（三）半自动闭塞

当采用出站或通过信号机的允许显示作为列车占用区间的凭证时，发车站值班员必须在办好闭塞手续的基础上才能开放出站信号机，列车出发后信号机自动关闭；在没有检查区间是否留有车辆设备时，须由接车站值班员确认列车完全到达后，向发车站发送复原信息，闭塞机才能恢复定位状态而重新办理闭塞。这种方法，既要由人工操纵，又需要依靠列车的作用自动动作，所以叫作半自动闭塞。

我国目前半自动闭塞区段采用64D型（单线）、64F型（双线）闭塞设备。

1. 继电半自动闭塞设备应满足的条件

（1）闭塞开通：单线区间，只有在本站发出请求发车信息并收到对方站（所）的同意接车信息之后，发车站闭塞机才能开通，出站或通过信号机才能开放；接车站闭塞机处于闭塞状态。

双线区间，只有在先行列车到达接车站，并收到接车站的到达复原信息之后，闭塞机才能开通，出站或通过信号机才能开放。

（2）取消闭塞：出站信号机开放后，列车出发前，发车站如取消闭塞，电锁器联锁站应在出站信号机关闭后延时3 min；集中联锁站应在发车进路解锁后才能取消闭塞。

（3）列车从发车站进入区间，出站信号机应自动关闭，并使双方站闭塞机均处于闭塞状态，在列车到达接车站前，不得解除闭塞。列车占用的区间，有关的出站信号机不得开放。

（4）列车到达接车站后，发车站未得到接车站的确认列车完全到达信息时，不得解除闭塞。

2. 单线继电半自动闭塞设备组成

单线继电半自动闭塞设备是用继电器来完成两站间闭塞的，如图1–43所示。

相邻两站各设一套半自动闭塞设备组合，两站之间通过一对外线连接，其设备主要包括室内设备和室外设备两大部分。

1）室内设备组成

室内设备主要由闭塞电话、控制按钮（闭塞按钮BSA、复原按钮FUA、事故按钮SGA）、

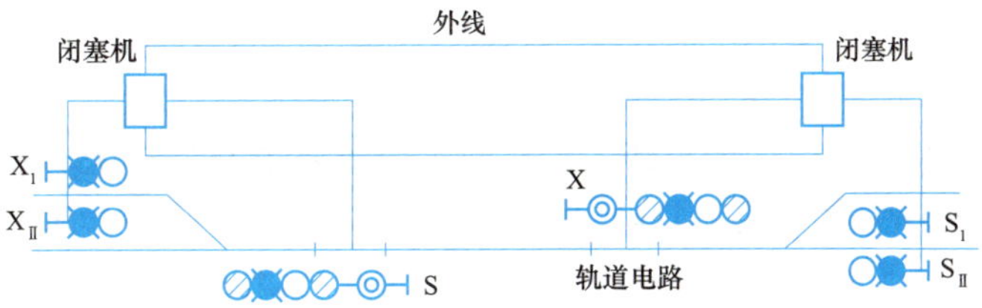

图 1-43 单线继电半自动闭塞设备示意图

表示灯（接车表示灯 JBD 和发车表示灯 FBD）、电铃及 8 个单元控制电路组成。8 个单元控制电路如下。

（1）线路继电器电路：正线路继电器 ZXJ、负线路继电器 FXJ。

（2）信号发送器电路：正电继电器 ZDJ、负电继电器 FDJ。

（3）闭塞继电器 BSJ 电路。

（4）接车接收器电路：包括回执到达继电器 HDJ、同意接车继电器 TJJ、通知出发继电器 TCJ。

（5）发车接收器电路：包括选择继电器 XZJ、准备开通继电器 ZKJ、开通继电器 KTJ。

（6）复原继电器 FUJ 电路。

（7）轨道继电器 GDJ 电路。

（8）表示灯电路，包括接车表示灯 JBD 和发车表示灯 FBD 两组共六个表示灯。

2）室外设备组成

室外设备主要包括轨道电路、出站信号机和供两站联系用的闭塞外线等。

（1）轨道电路。

为了监督列车的出发和到达，在进站信号机内方设有一段不少于 25 m 的轨道电路。

当出发列车占用这段轨道电路时，由于轨道继电器落下，使闭塞电路中的开通继电器 KTJ 落下，此时发车站的发车表示灯和接车站的接车表示灯均点亮红灯，表示区间占用。

当进站列车占用这段轨道电路时，由于轨道继电器落下，使接车站的回执到达继电器 HDJ 吸起，接车站的接车和发车表示灯均亮红灯，并构成到达复原条件。

（2）出站信号机。

当发车进路已锁闭，并且两站的车站值班员办理闭塞后，才能使发车站的发车接收器电路中的开通继电器 KTJ 吸起，出站信号机才能开放。

（3）闭塞外线。

两站联系用的闭塞外线以前一般采用直径为 4 mm 的镀锌架空铁线，现已采用电（光）缆线连接。

3. 半自动闭塞设备的特点

1）出站信号机的开放

（1）单线区段，必须是区间空闲，并得到接车站同意接车的闭塞信号后才具备开放信号的条件。

（2）双线区段，在区间空闲，并得到接车站办理到达信号后，发车站才具备开放出站信号机的条件。

2）列车出发后进路的解锁

（1）电气集中联锁的车站，出发列车头部越过出站信号机压上出站方向轨道电路后，出站信号机自动关闭，当列车全部出清轨道电路后，发车进路自动解锁。

（2）非电气集中联锁的车站，出发列车头部压上发车轨道电路后，出站信号机自动关闭，但发车进路只有当列车全部出清发车轨道电路区段后，才能由人工办理解锁。

4. 半自动闭塞区段列车进入区间的凭证

正常情况下，列车由车站进入区间的凭证，是出站或线路所通过信号机显示的进行信号，即色灯信号机显示的绿色灯光。

（四）自动站间闭塞

自动站间闭塞与集中联锁设备结合使用，采用轨道检查装置自动检查区间空闲，随着办理发车进路自动构成站间闭塞，列车凭出站信号显示进入发车进路后，出站信号机自动关闭，待列车出清区间后自动解除闭塞。

自动站间闭塞按轨道检查装置的不同分为计轴自动站间闭塞和轨道电路自动站间闭塞两种。

1. 计轴自动站间闭塞

计轴自动站间闭塞，是在半自动闭塞设备的基础上，在相邻两站间增设的一种计算列车轴数的设备。列车进入区间时，计轴设备正向计数，形成闭塞；列车出清区间时，计轴设备逆向计数，归零后自动解除闭塞。

2. 轨道电路自动站间闭塞

轨道电路自动站间闭塞，是在区间加装轨道电路装置，通过区间轨道电路的占用和空闲来实现区间闭塞和解除闭塞，可以看作是区间只有一个闭塞分区的自动闭塞。

自动站间闭塞设备应满足的条件如下。

（1）列车进入自动站间闭塞区间的凭证是出站信号机开放。

（2）当发车站办理发车进路时，站间自动构成闭塞状态。

（3）出站信号机开放，应连续检查闭塞状态及区间空闲。

（4）两站不能同时向同一区间开放出站信号机。

（5）列车进入发车进路后，出站信号机应自动关闭。在闭塞解除后，两站向该区间的出站信号均不能再次开放。

（6）列车到达接车站或返回发车站，经检查区间空闲后，自动解除闭塞。

（7）区间闭塞后，发车进路解锁前，不能解除闭塞；取消发车进路，发车进路解锁后，闭塞随之自动解除。

（五）电话闭塞

电话闭塞是当基本闭塞设备不能使用时，为了不间断列车运行，由两端站（线路所）值班员利用站间行车电话以发出电话记录号码的方式，达到同一区间在同一时间内，只有一个列车运行的目的所采用的代用闭塞法。

采用电话闭塞时，不论双线或单线，均按站间区间办理。因此，必须得到列车调度员的命令并认真确认区间空闲后方准办理电话闭塞。遇列车调度员电话不通时，为了不间断列车运行，闭塞法的变更或恢复，应由该区间两端站的车站值班员确认区间空闲后，直接以电话记录办理。

项目 2

货物列车及货车技术作业过程

任务 2.1　货物列车技术作业过程

列车在始发站、终到站及运行途中经过的技术站的到发线上，以及摘挂列车在中间站上办理的各项作业，称为列车技术作业。货车自到达车站时起，至由车站发出时止，在车站上所办理的各项作业，称为货车技术作业。这些作业程序、作业内容与作业时间标准，统称为列车及货车的技术作业过程。

一、货物列车技术作业过程

货物列车技术作业是为了保证列车运行的安全和货物完整，货物列车在始发站、终到站、运行途中进行中转作业的技术站到发线上及摘挂列车在中间站办理的各项技术作业。

（一）技术站货物列车技术作业

1. 编组始发列车出发技术作业

由技术站或装车站编组始发的货物列车，在编组作业完了转往列车出发线上所进行的技术作业，称为编组始发列车出发技术作业。

2. 无调中转列车技术作业

在技术站虽不进行改编调车作业，但是为了确保继续运行的安全和货物的完整，在到发线上进行的中转技术作业，称为无调中转列车技术作业。

3. 部分改编中转列车技术作业

在技术站对列车进行的变更重量、变更运行方向或成组甩挂的列车技术作业称为部分改编中转列车技术作业。

（1）变更货物列车重量。当相邻区段牵引定数不同时，在技术站需进行减轴或补轴作业。例如甲站编开丙、丁站的货物列车，在乙站需要减轴 600 t。反之，丙、丁站编开甲站的货物列车，在乙站需要补轴 600 t。

（2）换挂车组。换挂车组如图 2–1 所示。

甲站开往丁站的货物列车，编组内容包括乙、丙、丁三个车组，列车运行至乙站后，摘下乙、丙车组，换挂去丁站的车组。

（3）变更列车运行方向。当直达列车、直通货物列车经过有分歧方向的技术站时，因车场进路关系，需变更列车运行方向后，才能继续运行，如图 2–2 所示。

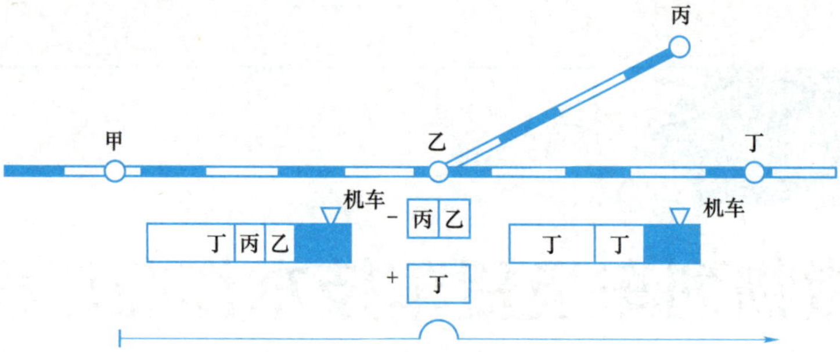

图 2-1　换挂车组

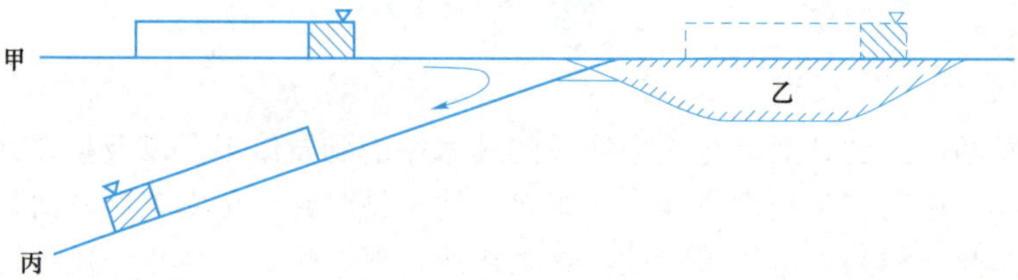

图 2-2　变更列车运行方向

由甲站开往丙站的直通列车，在乙站虽不改变编组内容，但需调换列车首尾，即变更运行方向后，才能继续向丙站方向运行。

4. 到达解体列车技术作业

货物列车到达解体站或终到站后，在解体调车之前，在到发线上办理的技术作业，称为到达解体列车技术作业。

如图 2-3 所示，甲—乙区段列车重量标准为 3 200 t，乙—丙、丙—丁区段为 2 600 t。由甲站编组始发的直通货物列车，经过乙、丙两个区段站，到达丁站解体。据此，该列车在各站进行的列车技术作业种类分别为：在甲站进行始发列车出发作业，在乙站进行变更重量的部分改编中转列车作业，在丙站进行无调中转列车作业，在丁站则进行解体列车到达作业。

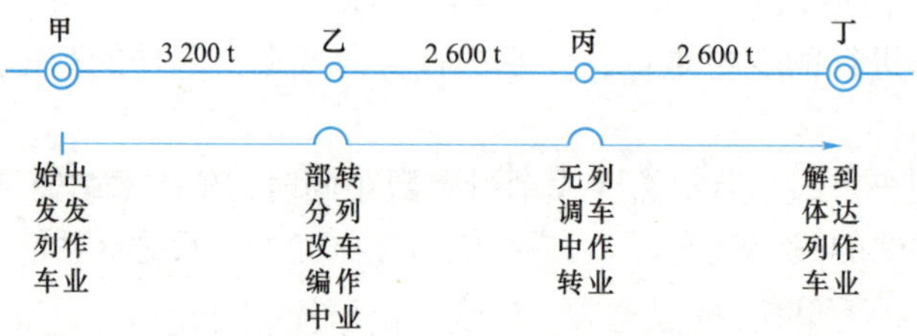

图 2-3　技术站货物列车作业种类

为了缩短车站办理列车技术作业的时间，提高作业效率，保证作业安全，车站应加强作业计划与指挥，提前做好准备；广泛采用先进的工作方法，缩短单项作业时间，最大限度地组织流水作业和平行作业，减少作业的延续时间；加强各部门、各工种之间的联劳协作，避免作业中断，缩减等待时间。

（二）技术站货物列车技术作业的内容

虽然各种列车所办理的作业内容和要求不完全相同，但下列技术作业一般是必须办理的。

1. 车辆技术检修作业（包括摘挂机车及试风）

车辆技术检修作业由驻站列检所的检车员负责，主要检查车辆技术状态是否符合《铁路技术管理规程》的规定，如发现在车辆技术状态不良时，应尽可能进行不摘车修理。如需摘车修理，应插上扣修色票，注明故障内容及送修地点，填写“车辆检修通知书”，及时通知车站摘车并送修。

到达机车由检车员负责摘下。如需用到达机车进行试风，应于试风完毕后摘下。车站值班员应及时安排到达机车入段进路，使机车能尽快入段进行整备和检修作业。

出发机车应按规定时间提前出段，在机待线上或指定地点等候。待车辆技术检修完毕，撤除防护信号后，及时连挂车列并进行简略试验，准备发车。

2. 货运检查及整理

货运检查由车站货运检查人员负责。货运检查人员应认真执行区段负责制，检查列车中车辆装载加固、施封及篷布苫盖状态，以及车辆门窗的关闭情况，发现异状时，应及时处理，若不能立即恢复应按规定编写货运记录并通知车站甩车。

对无列检作业的列车，还应检查自动制动机的空重位置，不符合时应进行调整。

3. 车号员检查、核对现在车

该项工作由车号员负责，主要是检查列车编组顺序表、货运单据和现在车（也称现车）是否“三相符”。发现无调中转、部分改编中转和到达解体列车出现问题应及时报告车站调度员（或调车区长）并做好记录，通知发车站。发现自编始发列车出现问题应判明情况并通知车站调度员（或调车区长）重新进行调车作业，确保出发列车的质量，并为车站作业计划及统计工作提供可靠的资料。

对无调中转列车、部分改编中转列车和解体列车，车号员按照列车确报的编组顺序表检查现在车；对始发列车则根据事先编制的列车编组顺序表核对现在车。

4. 换挂列尾装置

有些货物列车需要使用列车尾部安全防护装置，即列尾装置，以保证随时检查列车的完整。该装置主要由司机控制盒和尾部主机组成，在列车的始发站和终到站由列尾作业员负责尾部主机摘挂，并建立或消除机车和尾部主机的一一对应关系。

5. 车列及票据交接

车号员检查核对现在车无误后，按规定将票据装入票据封套并用封条封好，连同列车编组顺序表、列车编组通知单与机车乘务员办理签字交接。办理到达列车时，机车乘务员要确认列车完整，并将加封的票据封套及列车编组顺序表交付到达站的车号员，发现不相符的情况应立即通知有关车站处理。

实施货运票据电子化的车站，车号员将列车编组顺序表、列车编组通知单传递到站车交接岗位。交接时，在规定地点、时间内，将列车编组顺序表、列车编组通知单交司机，办理交接签认。

特殊情况下，遇有随车纸质票据时，对到达、始发、途中摘挂列车，车号员（长）应按列车编组顺序表核对纸质票据，核对内容：车种、车号、载重、到站、货物名称、收货人、篷布、车辆使用属性、特殊标记及运输限制条件等，发现不符按规定处理；编制列车编组顺序表时在该车"记事"栏内注明"纸质票"；办理出发交接时，车站应将列车有关随车纸质票据封固后与列车编组顺序表一并与司机办理交接。

6. 准备发车及发车

车列及票据交接后，车站（助理）值班员将列车的有关情况通知司机，确认发车条件具备后发车。

此外，技术站对部分改编中转列车还要进行摘挂车辆的调车作业，对解体列车要进行车列解体前的排风、摘管等准备工作。

二、货物列车技术作业过程和组织方法

1. 编组始发列车出发技术作业过程和组织方法

编组始发列车出发技术作业是车辆出发前在站内作业的最后一道工序，相当于产品出厂检查，对于保证列车编组质量与运行安全有重要意义，编组始发列车出发技术作业过程如表 2–1 所示。

表 2–1　编组始发列车出发技术作业过程

序号	作业项目	时间/min					
		0	10	20	30	40	
1	检车员、车号员、货运检查员、列尾作业员等出动						
2	车辆技术检修作业（包括摘挂机车和试风）						
3	列尾作业员技术作业						
4	车号员核对现车						
5	货运检查						
6	有关人员与到达司机办理"运统1"和货运票据交接						
7	准备发车与发车						
	作业总时分						

车号员按出发列车编组顺序表核对出发车列，核对内容：顺序、车种、罐车油种、车号、关门车（有其他人员确认时除外）、篷布、特殊标记，做到列车编组顺序表与现在车相符。在规定时间内核对完现在车，并按规定涂打标记。发现问题及时汇报，通知有关人员处理。

设有视频等设备的，可在室内依据列车确报核对，对关门车等事项必要时应到现场核对。不到现场核对现在车时，不涂打标记。

加速编组始发列车出发技术作业过程的方法如下。

（1）通知有关人员做好准备工作。车站值班员应将车列编成的时间、转入到发场的股道、编成辆数、车次及出发时分通知机务段、列检所，组织机车按时出段，有关人员及时出动。

（2）挑选票据，编制列车编组顺序表。车号员根据编组调车作业计划，在编组车列过程中挑选票据，编制列车编组顺序表，并于车列编成后，认真核对现在车，保证做到"三相符"，

即列车编组顺序表与货运票据、现在车相符，同时检查列车编组是否符合列车编组计划、运行图和《铁路技术管理规程》规定，及时办理票据交接手续。

2. 无调中转列车技术作业过程和组织方法

无调中转列车技术作业过程见表 2-2。

表 2-2　无调中转列车技术作业过程

顺序	作业项目	时间/min				
		0	10	20	30	40
1	检车员、车号员、货运检查员、列尾作业员等出动					
2	车辆技术检修作业（包括摘挂机车和试风）					
3	列尾作业员技术作业					
4	车号员核对现车					
5	货运检查					
6	有关人员与到达司机办理“运统1”和货运票据交接					
7	准备发车与发车					
	作业总时分					

设有视频等设备的，车号员可在室内依据列车确报核对，对关门车等事项必要时应到现场核对。不到现场核对现在车时，不涂打标记。仅办理机车乘务组换乘的无调中转列车，车号员执行此项作业。

从表 2-2 中可以看出，无调中转列车技术作业的总时间，取决于车辆技术检修时间的长短。

由于列车运行图对这种列车在技术站的停留时间，通常安排得比较紧凑，为确保列车安全、正点出发，应加快车辆的检修作业。加快车辆技术检修作业的主要方法如下。

（1）加强检修预报。中间站值班员发现列车中有技术状态不良的车辆时，应直接或通过列车调度员向前方技术站预报，说明车号、编挂位置和不良情况，以便列检所提前做好检修准备。

（2）充分利用轴温自动检测设备或组织检车员提前到达现场，在列车进站过程中观测、检查车辆技术状态，做到心中有数，以便缩短列车到达后检查车辆的时间。

（3）推广快速修理方法，扩大不摘车修理比例。如能将原需摘车修理的车辆变为不摘车修理，既能减少摘车送修的调车作业，又能压缩该车在站停留时间。

3. 部分改编中转列车技术作业过程和组织方法

部分改编中转列车技术作业比无调中转列车技术作业增加了摘挂车组的调车作业，部分改编中转列车技术作业过程如表 2-3 所示。

表 2-3　部分改编中转列车技术作业过程

序号	作业项目	时间/min				
		0	10	20	30	40
1	检车员、车号员、货运检查员、列尾作业员等出动					
2	车辆技术检修作业（包括摘挂机车和试风）					
3	列尾作业员技术作业					
4	车号员检查现车					
5	货运检查					
6	摘挂车辆					
7	有关人员与到达司机办理“运统1”和货运票据交接					
8	准备发车与发车					
	作业总时分					

加速部分改编中转列车技术作业的主要组织方法是合理解决车辆技术检修与调车作业的配合问题，争取最大的平行作业，具体方法如下。

（1）减轴时，对摘下车组可采用先摘下后检修的方法。在调车机车摘车的同时，检车员集中力量检修基本车组。这种方法既缩短检修基本车组的时间，又可使减轴调车作业与车辆技术检修作业平行进行，从而缩短列车技术作业时间。

（2）补轴时，对补轴车组可采用先检修后挂车的方法。事先检修好的补轴车组由调车机车挂好在邻线等候，在车列检修完了后立即挂上。

在列车前部补轴或减轴时，如能利用到达机车减轴、出发机车补轴，还能进一步缩短摘挂车组的作业时间。

（3）换挂车组的作业方法，摘车与上述减轴的方法相同，挂车与上述补轴的方法相同。

（4）变更列车运行方向时，如因原列车中尾部车辆与出发列车机车有隔离限制，可将尾部车辆的车钩提开，先行检查后由调车机车拉走。此时，检车员即可集中力量检修前部车辆。

此外，部分改编中转列车一般都要更换列车编组顺序表，车号员应根据列车确报和摘挂车调车作业计划，预先编制新的列车编组顺序表，待列车到达检查确认现在车无误后，更换票据封套，加盖站名印，办理票据交接。

4. 到达解体列车技术作业过程和组织方法

到达解体列车在到达线上进行技术作业完了后，不再继续运行，而要进行解体。到达解体列车技术作业过程如表 2-4 所示。

车号员依据列车确报（列车编组顺序表），对到达列车逐辆核对现在车，核对内容：顺序、车种、确定重长的辅助记号、罐车油种、车号、关门车（有其他人员确认时除外）、篷布、特殊标记、非运用车别，以及按规定车体标记计算的自重、换长，发现不符立即订正。在规定时间内核对完现在车，并按规定涂打标记。

表 2-4　到达解体列车技术作业过程

序号	作业项目	时间/min
		0　10　20　30　40
1	检车员、车号员、货运检查员、列尾作业员等出动	
2	车辆技术检修作业（包括摘挂机车和试风）	
3	列尾作业员技术作业	
4	车号员核对现车	
5	货运检查	
6	有关人员与到达司机办理“运统1”和货运票据交接	
7	准备解体	
	作业总时分	

设有视频等设备的，可在室内依据列车确报核对，对关门车等事项必要时应到现场核对。不在现场核对现在车时，不涂打标记。

加速到达解体列车技术作业过程的方法如下。

（1）加速到达技检。对急需解体或腾空到发线的车列，车站应提前与列检所联系，增派检车员加速检修，缩短到达技检时间；如果是分部解体车列，可组织分段检修。必要时，对部分车辆的修理，可在车列解体后在调车场进行。

（2）认真核对现在车。列车到达后，车号员应根据列车确报认真核对现在车，检查票据，发现票据与现在车不相符时，应立即向该列车编组站提出并设法纠正，防止车、票分离。对关门车、禁溜车、禁止过峰车、限速车等有特殊标记的车辆，应在记事栏内填记清楚。核对现在车后，应及时向调车领导人报告，以便及时修改解体调车作业计划。

（3）做好解体前的准备工作。调车区长应根据列车确报，提前编制解体调车作业计划；调车员根据解体调车作业计划及时对待解车列进行排风、摘管。

任务 2.2　货车技术作业过程

一、货车技术作业分类

货车按其在车站所办理的技术作业不同，可分为中转车和本站货物作业车两种。

1. 中转车

中转车是指在车站只办理中转作业，不进行货物装卸作业的货车。按其在车站有无改编调车作业，中转车又分为无调中转车和有调中转车两种。

（1）无调中转车在车站不进行调车作业。

无调中转车包括技术站原列到开的列车上的货车（摘走的车辆除外）；在技术站进行补、减轴调车作业的原中转列车上的货车（补、减轴的车辆除外）；停运列车上的货车；在中间站进行拆组或组合的长大重载列车上的货车。

（2）凡不符合上述无调中转作业条件的货车均为有调中转车。有调中转车在车站经过调车作业后，再编入其他列车发出。

2. 货物作业车

货物作业车（又称本站货物作业车），是指在车站（指本站）进行装、卸或倒装作业的货车。按其在站作业过程的不同分为一次货物作业车和双重货物作业车两种。

（1）一次货物作业车：只进行一次装车或卸车作业的货车。

（2）双重货物作业车：先卸车然后再装车，进行两次货物作业的货车。

二、货车在站技术作业过程

货车从到达车站时起至发出时止，在车站所进行的技术作业程序、作业内容及作业时间标准，统称为货车在站技术作业过程。其各项技术作业平均时间之和等于该货车在站停留时间。

1. 无调中转车技术作业过程

无调中转车随中转车到达车站并随原列车出发，因此，无调中转车技术作业过程，与其所在列车（中转车）的技术作业过程相同。

2. 有调中转车技术作业过程

有调中转车随同列车到站后，首先在到达线上进行到达作业；然后，经过驼峰或牵出线进行解体调车作业，将其调入调车场固定线路内集结，待车流集结达到运行图规定的列车重量或长度后，经过编组调车作业，编成新的车列（车组），转入出发线上随同列车进行出发作业，再从车站发出。调车场内设有编发线时，列车出发作业可在编发线上办理并直接发车，无须经过转场作业。有调中转车技术作业过程如表 2–5 所示。

表 2–5　有调中转车技术作业过程

顺序	作业名称	作业时间/h
1	到达	
2	解体	
3	集结	
4	编组	
5	出发	
总停留时间/h		

分析表 2–5 可以看出，有调中转车技术作业包括到达、解体、集结、编组、出发 5 项，有调中转车在站平均停留时间（$t_{有调}$）为五项作业平均时间之和，即：

$$t_{有调}=t_{到}+t_{解}+t_{集}+t_{编}+t_{发}$$

式中：$t_{到}$、$t_{解}$、$t_{集}$、$t_{编}$、$t_{发}$——到达、解体、集结、编组、出发作业平均时间。

有调中转车在站内进行技术作业的走行径路，视技术站车场配列情况不同而异。例如，到发场与调车场横向配列的横列式车站，有调中转车在站内产生大量的折返走行，增加了车辆在站走行距离和时间，如图 2–4 所示。

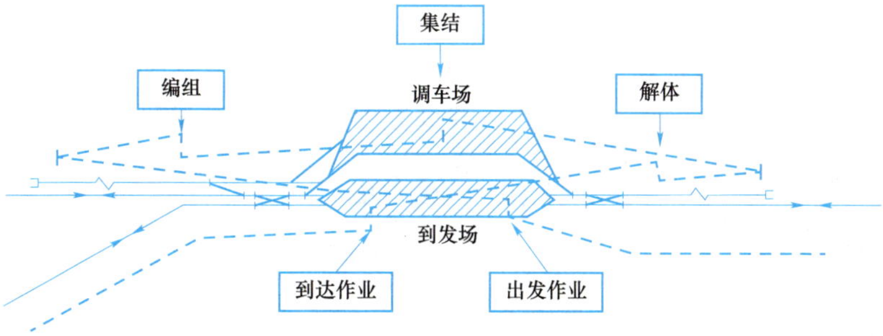

图 2-4　横列式车站有调中转车走行经路

到发场与调车场纵向配列的纵列式车站，主要方向的有调中转车在站内可以流水作业，基本上没有折返走行，可减少车辆在站的走行距离和时间，如图 2-5 所示。

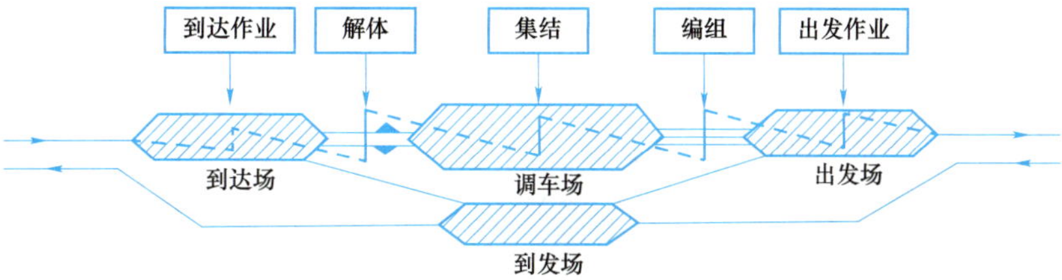

图 2-5　单向纵列式车站有调中转车走行经路

3. 一次货物作业车技术作业过程

在技术站上，一次货物作业车除办理与有调中转车相同的五项技术作业外，还有向货物作业地点送车、装车或卸车、取车三项技术作业。一次货物作业车技术作业过程见表 2-6。

表 2-6　一次货物作业车技术作业过程

顺序	作业名称	作业时间/h
1	到达	
2	解体	
3	送车	
4	装（卸）车	
5	取车	
6	集结	
7	编组	
8	出发	
总停留时间/h		

一次货物作业车在技术站平均停留时间（$t_{一次}$）为：

$$t_{一次}=t_{到}+t_{解}+t_{送}+t_{装(卸)}+t_{取}+t_{集}+t_{编}+t_{发}$$

式中：$t_{送}$、$t_{装(卸)}$、$t_{取}$——送车、装（卸）车、取车作业平均时间。

4. 双重货物作业车技术作业过程

双重货物作业车比一次货物作业车增加两项技术作业：一是将卸空后的空车送往装车作业地点的调移作业；二是多一次货物作业。双重货物作业车技术作业过程如表 2–7 所示。

表 2–7　双重货物作业车技术作业过程

顺序	作业名称	作业时间/h
1	到达	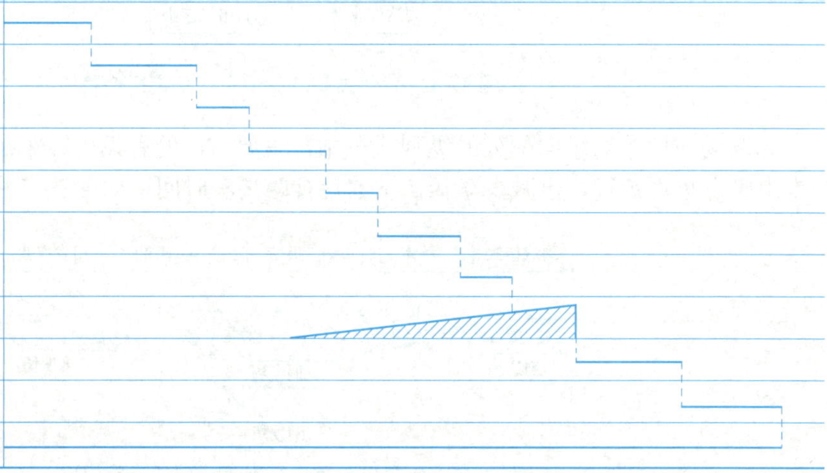
2	解体	
3	送车	
4	卸车	
5	调移	
6	装车	
7	取车	
8	集结	
9	编组	
10	出发	
总停留时间/h		

双重货物作业车在技术站共进行十项技术作业。双重货物作业车在技术站平均停留时间（$t_{双重}$）为：

$$t_{双重}=t_{到}+t_{解}+t_{送}+t_{卸}+t_{调移}+t_{装}+t_{取}+t_{集}+t_{编}+t_{发}$$

式中：$t_{调移}$——卸车后调往装车地点的平均时间。

双重货物作业车比一次货物作业车多一次货物作业。所以按作业次数平均的一次货物作业停留时间较短，货车运用效率较高。为此，应充分利用本站卸完后的空车进行装车，尽可能扩大车种代用，提高双重作业系数，缩短一次货物作业平均停留时间。

所谓双重作业系数（$k_{双}$）是指每一货物作业车平均摊到的装卸作业次数，$k_{双}$最大值为 2，最小值为 1。其值在 1～2 间变动。$k_{双}$越大，货车运用效率越高。$k_{双}$可按下式计算：

$$k_{双}=\frac{u_{装}+u_{卸}}{N_{货车}}$$

式中：$u_{装}$、$u_{卸}$——装、卸作业次数；

$N_{货车}$——本站货物作业车数。

必须指出，货车技术作业过程从理论上讲，应该是最大限度地平行作业；但在实际工作中，由于主客观原因往往出现等待时间，如待解、待送、待取、待编、待发等。这些等待时间虽然均属于非生产时间，也应统计在货车技术作业过程中。应从改变调车机车运用，提高车站工作组织水平等方面入手，大力予以压缩，直至消除各种等待时间。

三、货车集结过程

1. 基本概念

技术站编组某一到达站的车列，其车流来源少部分是本站自装的车辆，大部分是随解体列车陆续到达的车辆。这些车辆在调车场内集结成车列的过程，称为货车集结过程。

上述货车集结过程是按货车进入调车场开始计算的，故称为按调车场的货车集结过程。

此外，为编制车站作业计划推算车流及查定车站技术作业过程，货车集结过程也可按货车到达车站（本站货物作业车为装卸完了）开始计算，称为按车流的货车集结过程。

2. 列车集结过程及集结时间

一个车列的集结过程：从组成某一到达站出发车列的第一组货车进入调车场或到达车站（本站货物作业车为装卸完了）之时起，至集结该车列的最后一组货车进入调车场或到达车站（本站货物作业车为装卸作业完了）之时止，称为车列的集结过程。在集结过程中，该车列每一货车的平均停留时间，称为集结时间。

3. 加速货车集结过程的措施

（1）组织邻接区段和枢纽内各站产生的车流，配合到达技术站。所谓配合到达，就是组织大车组在车列集结终了前密集到达，缩短车列集结车小时。

（2）组织本站自装（卸）车流，提前结束车列集结过程。

（3）组织超轴列车，造成集结中断。

任务 2.3　列车分类及等级

一、列车分类

列车是编成的车列并挂有机车及规定的列车标志。单机、自轮运转特种设备，虽未完全具备列车条件，亦应按列车办理。

为满足旅客和货物运输的不同需要，列车按运输性质主要分为五种。

（1）旅客列车：为运送旅客开行的列车。根据旅客列车的车底及运行速度或停站情况等，可分为动车组、特快、快速、普通旅客列车。

（2）特快货物班列：使用行李车或邮政车等客车车辆，根据需要编组，整列装载行李、包裹和邮件等的列车。

（3）军用列车：为运送军队和军用物资开行的列车。

（4）货物列车：为运送货物和排送空货车开行的列车。其分为快速货物班列、快运、重载、直达、直通、冷藏、自备车、区段、摘挂、超限及小运转列车等。

① 快速货物班列：最高运行速度 120 km/h，使用专用货车（如 P_{65} 等）或通用棚车编组，在固定发到站间，有固定车次和运行线，以及明确的开行周期和运行时刻的货物列车。

② 快运货物列车：采用运行速度 120 km/h 的专用车辆，以高附加值货物为重要运输对象的快速列车。

③ 重载货物列车：在装车站或技术站组织，由单机或多机牵引满足重载条件的列车，按组织形式分为整列式重载列车、组合式重载列车和单元式重载列车。目前按照列车牵引质量不少于 8 000 t 或列车编组辆数不少于 80 辆作为重载列车的条件。

④ 直达货物列车：在装（卸）车站或技术站编组，通过一个及其以上编组站不进行改编作业的列车。整列在同一车站装车，到达同一车站卸车，运行距离较短，途中不通过编组站

的列车为整列短途列车。

始发直达列车：在一个车站或在同一区段（或相邻区段）的几个车站装车后组成的直达列车。按组织形式分为基地始发直达和阶梯始发直达，按大宗货物品类分为煤炭直达、矿石直达和石油直达。

技术直达列车：在技术站以中转车及货物作业车等编成的直达列车。

⑤ 直通货物列车：在技术站编组，通过一个及其以上区段站不进行改编作业的列车。

⑥ 自备车列车：车辆产权属于企业的始发直达、整列短途列车。

⑦ 区段货物列车：在技术站编组，到达相邻技术站，在区段内不进行摘挂作业的列车。

⑧ 摘挂货物列车：在技术站编组，在相邻区段内的中间站进行摘挂作业的列车。只在指定的几个中间站进行摘挂作业的列车为重点摘挂列车。

⑨ 超限货物列车：挂有装载超限货物的车辆并冠以超限列车车次的列车。

⑩ 小运转列车：在技术站和邻接区段规定范围内的几个车站间开行的列车为区段小运转列车。在枢纽内各站间开行的列车为枢纽小运转列车。二者统称为小运转列车。

（5）路用列车：不以营业为目的，专为完成铁路本身任务而开行的列车。如试验列车，运送铁路器材、路料的列车，因施工、检修需要开行的轨道车、接触网作业车、大型养路机械车组等。

除上述五种列车以外，还有为执行任务而开行的特殊用途列车，如专运、救援列车等。

二、列车运行等级顺序

根据我国铁路列车分类，为适应技术设备条件、满足客货服务水平，在编制列车运行图、制定日常列车运行计划及调度调整运行秩序时，列车运行等级顺序原则上按速度等级从高到低排序，同速度等级的列车原则上按以下等级排序。

（1）动车组列车：动车组列车为固定编组，运行速度和行车要求比其他列车高。

（2）特快旅客列车：特快旅客列车一般运行于大城市之间，停站少且旅行速度快，最高运行时速达到 160 km。直达（通）特快旅客列车是两个大城市之间，停站极少，甚至不停的特快旅客列车。

（3）特快货物班列：特快货物班列使用最高允许时速 160 km 的机车和行邮车底，按特快旅客列车运行标尺运行。

（4）快速旅客列车：快速旅客列车一般运行于大中城市之间，停站较少且旅行速度较快，最高运行时速为 120 km 至 160 km。

（5）普通旅客列车：普通旅客列车一般运行于城乡之间，停站较多，方便各地群众乘降，最高运行时速不超过 120 km。

（6）军用列车：军用列车为运送军事人员及军用物资的专用列车。

（7）货物列车：货物列车运送铁路承运的各类货物。

（8）路用列车。

路用列车是由于自然灾害、设备故障或铁路交通事故等原因，须开往现场救援、抢修、抢救的列车，包括救援机车和除雪机等，应优先办理，不受列车等级的限制。

由于特殊目的开行的列车（如专列或其他列车等），以及新增加列车的种类，因其性质及任务不同，缓急程度不同，应根据具体情况在指定开行时确定其等级。

特快货物班列使用最高允许时速 160 km 的机车和行邮车底且按特快旅客列车运行标尺运行，因此在列车运行等级顺序中低于动车组和特快旅客列车而高于其他列车。

三、列车运行方向及车次

（一）列车运行方向

全国各线的列车运行方向，原则上以开往北京方向为上行，反之为下行，枢纽地区的列车运行方向，由各铁路局集团有限公司（简称铁路局）规定。

列车须按规定编定车次。上行列车编为双数，下行列车编为单数。在个别区间，使用直通车次时，可与规定方向不符。

在同一列车运行径路中有不同的运行方向时，为便于掌握，在与整个方向不符的个别区间，准许不改变车次，仍使用原车次。

如图 2–6 所示，于洪至揽军屯间既是山海关经于洪、揽军屯至沈阳的下行方向，又是长春经于洪、揽军屯、浑河至大连的上行方向。因此，山海关经裕国至沈阳、苏家屯为下行，车次应为单数；裕国向苏家屯为上行，车次应为双数；裕国至沈阳为下行，车次为单数；长春方向至苏家屯为上行，车次为双数。

图 2–6　沈阳枢纽上行列车运行方向

在裕国—于洪—揽军屯间，向同一方向运行的列车，既有下行列车，又有上行列车，车次既有单数也有双数，为便于掌握，利于指挥，上述各方向的列车不在于洪、揽军屯改变车次。

（二）列车车次

为确保列车车次全路的统一性及有关行车设备和信息系统正常运行，列车车次编排仅限于使用大写汉语拼音字母和阿拉伯数字。列车编用车次，旅客列车在全路范围、货物列车在铁路局集团有限公司管内不得重复，旅客列车车次由中国国家铁路集团有限公司确定。各铁路局集团有限公司不得超出车次规定范围擅自编造、自造使用车次。季节性、特定时间段开行的动车组、临时旅客列车，可使用相应等级图定车次，列车车次编排如表 2-8 所示。

表 2-8　列车车次编排

一、旅客列车							
列车种类		车次范围	说明	列车种类		车次范围	说明
1. 高速动车组旅客列车		G1—G9998	“G”读“高”	7. 普通旅客列车（120 km/h）		1001—7598	
其中	直通	G1—G4998	G4001—G4998 为临客预留	（1）普通旅客快车		1001—5998	
	管内	G5001—G9998	G9001—G9998 为临客预留	其中	直通	1001—3998	3001—3998 为临客预留
2. 城际动车组旅客列车		C1—C9998	“C”读“城” C9001—C9998 为临客预留		管内	4001—5998	
3. 动车组旅客列车		D1—D9998	“D”读“动”	（2）普通旅客慢车		6001—7598	
其中	直通	D1—D4998	D4001—D4998 为临客预留	其中	直通	6001—6198	
	管内	D5001—D9998	D9001—D9998 为临客预留		管内	6201—7598	
4. 直达特快旅客列车（160 km/h）		Z1—Z9998	“Z”读“直”	8. 通勤列车		7601—8998	
其中	直通	Z1—Z4998	Z4001—Z4998 为临客预留	9. 临时旅客列车（100 km/h）		L1—L9998	“L”读“临”
	管内	Z5001—Z9998	Z9001—Z9998 为临客预留	其中	直通	L1—L6998	
5. 特快旅客列车（140 km/h）		T1—T9998	“T”读“特”		管内	L7001—L9998	
其中	直通	T1—T3998	T3001—T3998 为临客预留	10. 旅游列车（120 km/h）		Y1—Y998	“Y”读“游”
	管内	T4001—T9998	T4001—T4998 为临客预留	其中	直通	Y1—Y498	
6. 快速旅客列车（120 km/h）		K1—K9998	“K”读“快”		管内	Y501—Y998	
其中	直通	K1—K4998	K4001—K4998 为临客预留				
	管内	K5001—K9998	K5001—K6998 为临客预留				

续表

二、特快货物班列					
特快货物班列（160 km/h）	X1—X198	“X”读“行”			
三、货物列车					
列车种类	车次范围	列车种类	车次范围	列车种类	车次范围
1. 快运货物列车				（3）中欧、中亚集装箱班列，铁水联运班列	X8001—X9998
（1）快速货物班列（120 km/h）	X201—X398			中欧、中亚集装箱班列（120 km/h）	X8001—X8998
（2）货物快运列车（120 km/h）	X2401—X2998 X401—X998			中亚集装箱	X9001—X9500
直通	X2401—X2998	管内	X401—X998	水铁联运班列	X9501—X9998
哈尔滨局	X2401—X2430	哈尔滨局	X401—X430	（4）普快货物班列	80001—81998
北京局	X2481—X2510	北京局	X481—X510	2. 煤炭直达列车	82001—84998
呼和浩特局	X2541—X2570	呼和浩特局	X541—X570	3. 石油直达列车	85001—85998
武汉局	X2601—X2630	武汉局	X601—X630	4. 始发直达列车	86001—86998
济南局	X2661—X2690	济南局	X661—X690	5. 空车直达列车	87001—87998
南昌局	X2741—X2770	南昌局	X741—X770	6. 技术直达列车	10001—19998
南宁局	X2811—X2840	南宁局	X811—X840	7. 直通货物列车	20001—29998
昆明局	X2891—X2920	昆明局	X891—X920	8. 区段货物列车	30001—39998
乌鲁木齐局	X2951—X2970	乌鲁木齐局	X951—X970	9. 摘挂列车	40001—44998
沈阳局	X2431—X2480	沈阳局	X431—X480	10. 小运转列车	45001—49998
太原局	X2511—X2540	太原局	X511—X540	11. 重载货物列车	71001—77998
郑州局	X2571—X2600	郑州局	X571—X600	12. 自备车列车	60001—69998
西安局	X2631—X2660	西安局	X631—X660	13. 超限货物列车	70001—70998
上海局	X2691—X2740	上海局	X691—X740	14. 保温列车	78001—78998
广州局	X2771—X2810	广州局	X771—X810		
成都局	X2841—X2890	成都局	X841—X890		
兰州局	X2921—X2950	兰州局	X921—X950		
青藏公司	X2971—X2990	青藏公司	X971—X990		
各局的零散货物车辆，可挂入直达、直通、区段货物列车中。挂有装运跨局零散货物快运车辆的列车，在基本车次前加字母“X”。如：X28002 次					

续表

四、单机和路用列车				
列车种类	车次范围	说明	列车种类	车次范围
1. 单机			4. 试运转列车	55001—55998
客车单机	50001—50998		普通客、货列车	55001—55300
货车单机	51001—51998		300 km/h 以上动车组	G55301—G55500
小运转单机	52001—52998		250 km/h 动车组	D55501—D55998
2. 补机	53001—54998		5. 轻油动车、轨道车	56001—56998
3. 动车组检测、确认列车		“DJ”读“动检”	6. 路用列车	57001—57998
（1）动车组检测列车	DJ1—DJ8998		7. 救援列车	58101—58998
300 km/h 检测列车	DJ1—DJ998		8. 回送客车底列车	
直通	DJ1—DJ400		有火回送动车组车底	001—00100
管内	DJ401—DJ998		无火回送动车组车底	00101—00298
250 km/h 检测列车	DJ1001—DJ1998		无火回送普速客车底	00301—00498
直通	DJ1001—DJ1400		回送图定客车底	图定车次前冠以数字“0”
管内	DJ1401—DJ1998		因故折返旅客列车	原车次前冠以“F”（读“返”）
（2）动车组确认列车	DJ5001—DJ8998			
直通	DJ5001—DJ6998			
管内	DJ7001—DJ8998			

项目 3

车站班计划的编制

任务 3.1　车站班计划的内容

车站作业计划是车站为保证完成铁路局集团有限公司（以下简称铁路局）日（班）计划，实现列车运行图、列车编组计划、月度货物运输计划和运输生产经营计划的行动计划。车站必须根据铁路局调度所下达的日（班）计划，正确地编制车站班计划、阶段计划和调车作业计划，并在铁路局调度的指挥下组织实现。

全路各编组站和作业量大的区段站、货运站、客货运站，均须按照相关规则的规定，正确编制和执行车站作业计划。其他配有专用调车机的车站，其作业计划的编制与执行，由中国国家铁路集团有限公司规定。

一、班计划的内容

班计划是车站完成 1 个班运输生产经营任务的作业组织计划。其主要内容如下。

（1）列车到达计划：各方向到达的列车车次（划分车场的车站要有场别）、时分、机型、机车号、编组内容（去向别重车数、车种别空车数、到达本站重车数）。

（2）列车出发计划：发往各方向的列车车次（划分车场的车站要有场别）、时分、机车交路及型号、机车号、编组内容（去向别重车数、车种别空车数）、车流来源。

（3）卸车计划：全站卸车数、主要卸车点大宗货物卸车数、卸后空车用途。

（4）装车计划：全站装车数、主要装车点大宗货物品类、车种、去向别的装车数、配空来源、挂运车次。

货物班列及直达、成组装车各主要装车点品类、车种、去向别的装车数、配空来源、挂运车次。

（5）客车底取送、摘挂、调转的车次、时间、车种、辆数。

（6）班任务主要包括：

货车出入总数，阶段运用车计划，货车平均中转时间，货车一次货物作业平均停留时间；

全站及各场别的到、发列数，编、解列数，无调直通列数；

各货场和专用线别的装、卸车数；

检修车扣修及取送车计划，站、段、厂修竣车数，货车备用及解除计划。

（7）厂、矿、港交接站和国境站货车交接次数、时间、车种、辆数。

（8）施工、维修计划。

（9）其他临时重点任务。

二、编制班计划需收集的资料

为正确编制班计划，车站调度员、货运调度员和其他有关工种人员，按铁路局规定的内容和时间，向铁路局调度所有关工种调度人员，提供编制日（班）计划资料。

车站值班站长（调度室主任或车站调度员）每天将 15:00（3:00）至 18:00（6:00）本站出发列车计划和编组内容及预计 18:00（6:00）的全站现在车数、去向别重车数（其中到本局和邻局管内摘挂车流分到站）、车种别空车数、本站作业车数，按铁路局规定时间报告铁路局调度所（计划调度员），与其核对 15:00（3:00）至 18:00（6:00）本站到达列车计划，共同确定 18:00（6:00）至 21:00（9:00）车站到、发列车计划，提出编制班计划的建议。

三、铁路局调度所下达的班计划内容

车站值班站长（调度室主任或车站调度员）每日按规定时间，接收铁路局调度所下达的班计划，内容主要包括以下方面。

（1）各方向到达的列车车次、时分、编组内容（去向别重车数、车种别空车数、本站作业车数）。

（2）发往各方向的列车车次、时分、机车交路及型号、机车号，编组内容（去向别重车数，车种别空车数，直达、成组车数），编组要求、车流来源、特种车辆及货物的编挂限制。

（3）摘挂列车的装卸、甩挂作业计划。

（4）按发货单位、品名、到站别的装车（包括直达和成组装车）计划及空车来源。

（5）卸车数（整列货物品名、收货人）及排空任务。

（6）施工日计划。

（7）重点任务、指示。

四、各岗位向编制人员提供的资料

班计划由车站值班站长（或调度室主任、运转主任）亲自编制。车站有关人员，每日按车站规定时间，将编制车站班计划所需资料，提供给车站值班站长（或调度室主任、运转主任），具体包括以下内容。

（1）全站 18:00（6:00）的现在车数。

（2）到达列车占用线别，待解车次、时间、编组内容。

（3）待发列车占用线别，出发作业准备情况。

（4）第一个阶段计划内到达列车预确报。

（5）装卸车（包括直达、成组、中转零担）待装卸、取送、挂运车数和去向，预计 18:00（6:00）装卸车数、挂运车次、空车用途。

（6）场间待交换车数，预计 18:00（6:00）的交换车数。

（7）货车扣修及修竣计划。

（8）预计各方向机车台数、型号、交路计划。

（9）调车机作业进度、预计整备时间，分类线运用情况。

（10）设备维修、施工要点，其他临时重点任务及调度命令、指示。

五、班计划的审批

站长（或副站长）负责审批班计划，并部署重点任务和关键事项，审批重点包括以下内容。

（1）各方向到、开列车对数，全站和分场的货车出入总数，编解任务及主要装卸点装卸任务与能力是否适应；核心列车能否保证按计划开行。

（2）推定的中时、停时，能否完成月计划；累计不能完成，要向铁路局汇报，连续三天完不成，要找原因，定措施。

（3）各方向、各阶段的流线结合和车流接续情况，是否压流、欠车。

（4）军运、特运车辆及列车的到发、装卸、编解、零星甩挂的安排是否符合规章、命令、指示。

（5）施工、运输的计划与措施是否落实。

（6）安全及重点注意事项。

六、班计划的下达与执行

班计划编完并经批准后，除报铁路局调度所外，有关人员应召开会议共同研究完成计划的方法并在接班会上传达。

七、调度命令

调度命令号码的编制应按不同工种分别规定。铁路局调度所的行车调度命令按日循环，运行揭示调度命令及其他工种调度命令按月循环；国铁集团各工种的调度命令按月循环（其中国铁集团货运和列车工作日计划命令按年循环）。

调度命令日期的划分，以 0:00 为界。调度命令循环号码的起止时间，以 0:00 区分。

各级调度命令应保管 1 年。

国铁集团调度命令号码分为：

（1）货运和列车工作日计划命令号码 0001～0399。

（2）车流调整命令号码：0401～0499。

（3）行车调度命令号码：0501～1799。

（4）专运调度命令号码：1801～1899。

（5）客运调度命令号码：1901～2599。

（6）货运调度命令号码：2601～2699。

（7）快运班列调度命令号码：2701～2799。

（8）客运行包调度命令号码：2801～2899。

（9）奖励命令号码：2901～2940（每日使用一个号码，按“2901—××格式，××按序号进行排序）。

（10）工务调度命令号码：2941～2970。

（11）电务调度命令号码：2971～3000。

（12）机车调度命令号码：3001～3299。

（13）车辆调度命令号码：3301～3399。

（14）军运调度命令号码：3401～3699。其中，军运及军列空车底回送命令号码：3401～3499；长大货物车（D 型车）使用、回送及超限专列命令号码：3501～3599；其他特定车组回送命令号码：3601～3699。

（15）特运调度命令号码：3701～3999。其中，机械冷藏车使用及回送命令号码：3701～3799；重点石油装车命令号码：3801～3899；国铁集团所属罐车调整命令号码：3901～3999。

（16）供电调度命令号码：4001～4099。

（17）停、限装及恢复装车命令号码：4101～4399。

（18）备用车命令号码：4401～4999。

（19）集装箱命令号码：5001～5699。

（20）施工命令号码：5701～5899。

（21）备用命令号码：5901～5999。

铁路局调度命令号码与国铁集团调度命令号码不得重复，铁路局调度命令号码具体由铁路局规定。

任务 3.2　编制班计划

一、班计划的主要内容

（1）列车到达计划。列车到达计划是铁路局调度所作为任务布置给车站的，可直接填记在班计划表列车到达计划栏内。

（2）列车出发计划。列车出发计划是班计划的核心，其中方向、车次按调度所布置，出发时分按运行图规定。车站要确定每一出发列车的编组内容和车流来源。始发编组列车的车流来源是 18:00（6:00）结存车、本班陆续产生的中转车和陆续装卸完了的车站货物作业车。

（3）卸车、排空和装车计划。

① 卸车计划：根据 18:00（6:00）待卸车数和车站到达本班能卸空的有效卸车数确定。

② 排空计划：应根据调度所下达的排空任务，按指定的排空车次、车种、车数做出切实安排。

③ 装车计划：根据调度所批准的装车计划，18:00（6:00）待装、空车和货源情况，在保证完成排空任务的前提下，具体确定本班的到站别、品类别的装车数，空车来源及挂运车次。

（4）计算中时及停时。

（5）重点指示。上级命令、指示，必须完成的重点事项；完成班计划的关键问题和重点要求，安全注意事项等；重点物资运输；其他指示、要求。

（6）站长审批事项。

二、编制列车出发计划

列车出发计划是车站班计划的核心内容，编制列车出发计划就是按列车编组计划和列车运行图的规定确定每列出发列车的编组内容、编组辆数，具体落实编入出发列车的车辆的来源。

编制列车出发计划的过程，实质上就是推算车流、合理组织车流的过程，车流的组织应符合本站的技术作业过程的要求，尽量缩短车辆在车站的停留时间。

本站编组始发列车的车流来源主要有以下几个方面。

（一）上班结存车

（1）上班结束、本班开始时已在调车线内集结的车辆。

这部分车辆随时可以用来参加新列车的编组，是最可靠的车流来源。

（2）上班结束、本班开始时在到发线上待解车列中的车辆。

这部分车辆需经过解体作业后才能参加新列车的编组。

（3）上班结束、本班开始时在各货物作业地点和车辆作业地点作业完毕等待返（取）回调车线集结的车辆。

这部分车辆需经过取车作业后才能参加新列车的编组。

（4）上班结束、本班开始时在其他车场内待转场的车辆。

这部分车辆需经过转场作业进入相应调车线，方可参加新列车的编组。

(2)、(3)、(4) 这三种车流在本班开始时已在车站，只要经过相应的作业，就可用于编组列车，也是比较可靠的车流。

（二）班计划中陆续产生的车流

1. 陆续到达的有调中转车

这部分车辆至少需要进行到达、解体作业后，才能参加另一列车的编组，这些车辆自到达车站时起，至编到另一列车中发出时止的时间称为车流接续时间，根据有调中转车在站的技术作业过程，这部分车流的接续时间应为：$t_{到}+t_{解}+t_{集}+t_{编}+t_{发}$ 五项作业时间之和。

若车流解体完毕立即参加编组，则集结时间为零，这时称为车流紧接续。

如果车辆在别的车场，则还需增加转场作业的时间。

2. 陆续装卸完毕的货物作业车和陆续修竣的车辆

这部分车辆的车流接续时间应考虑从装卸、修理作业完毕时起，至编入另一列车中发出时止，所进行的各项技术作业所需的时间，即：$t_{取}+t_{编}+t_{发}$ 三项作业时间之和。

（三）解除备用的备用车

因为备用车是质量良好的空货车，解除备用后可根据需要安排装车或参加集结编组。

三、中转车平均在站停留时间和一次货物作业平均在站停留时间

1. 中时

中时是中转车平均在站停留时间，用 $t_{中}$ 表示。

中时的计算公式如下：

$$t_{中}=\frac{\text{中转车在站总停留车小时}}{\text{中转车数}}$$

2. 停时

停时是一次货物作业平均在站停留时间，用 $t_{货}$ 表示。

停时的计算公式如下：

$$t_{货}=\frac{货物作业车在站总停留车小时}{货物作业次数}$$

中时和停时的计算结果保留一位小数，第二位小数四舍五入。

3. 中时和停时的推算表

中时和停时的推算表见表 3-1。

表 3-1　中时和停时的推算表　　单位：h

时间	项目					
	计划中时			计划停时		
	到达	发出	结存	到达	发出	结存
18 点结存			110			59
18:01—19:00	102	33	179	10	10	59
19:01—20:00		86	93			59
20:01—21:00	112	46	159		10	49
21:01—22:00	101	56	204	10		59
22:01—23:00	56	168	92			59
23:01—0:00			92			59
0:01—1:00	45	35	102	10	20	49
1:01—2:00	157	87	172	10		59
2:01—3:00	56	87	141		9	50
3:01—4:00	111		252			50
4:01—5:00	35	112	175	20		70
5:01—6:00	56	91	140		20	50
合计	831	801	1 801	60	69	672
中停时	中转车数	中转车停留车小时	中时	货物作业次数	货物作业车停留车小时	停时
	816	1 801	2.2	99	672	6.8

根据中时和停时的计算公式，将上面确定的中转车在站总停留车小时和货物作业车在站总停留车小时、中转车数、货物作业次数代入公式，即可推算本班预计完成的中时和停时。

任务 3.3　班 前 准 备

班前应正确及时收集资料，掌握车流，准确推算现在车，按编组计划编车，严格执行运输方案。

车站调度员每天按规定时间，利用列车计划调度管理系统接收（打印）或抄收铁路局下达的班计划和重点指示。要求做到及时、完整（不漏项）、字迹清楚，主要包括以下内容。

（1）各方向到达的列车车次、时分、编组内容（去向别重车数、车种别空车数、本站作业车数），如图 3-1 所示。

到达列车　　定位车次　　排序方式

全部 | 榆树台 | 虎石台 | 沈阳西 | 林盛堡 | 吴家屯

序号	车次	方向	时刻	辆数	车流内容
1	34928	吴家屯	6:48	45	鲅鱼圈北:3;大 成:3;检修C:1;空车
2	34912	吴家屯	8:47	94	长春北:30;长春 北:25;哈尔滨南:1;
3	34932	吴家屯	12:01	53	待卸C:53
4	34934	吴家屯	12:35	55	空车C:5;棋盘:20; 四平:25;通辽:5
5	87936	吴家屯	13:45	35	棋盘:35
6	34936	吴家屯	14:18	52	待卸C:52
7	34938	吴家屯	15:50	53	待卸C:53
8	34930	吴家屯	16:09	27	长春北:27
9	34940	吴家屯	16:45	53	待卸C:53
10	34942	吴家屯	17:59	53	待卸C:53

图 3-1　各方向到达的列车车次、时分、编组内容示例

（2）发往各方向的列车车次、时分、机车交路及型号、机车号，编组内容（去向别重车数，车种别空车数，直达、成组车数）、编组要求、车流来源、特种车辆及货物的编挂限制，如图 3-2 所示。

班计划摘录(上行出发)

2020年3月23日--白班

序号	林盛堡			吴家屯		
	出发车次	时刻	备注	出发车次	时刻	备注
1	21830	6:39	金港:35;金州:5;青岛西:22	34923	7:28	北台:19;本溪:24
2	80366	6:50	鲅鱼圈北:55。接续车次：80366。注意：开原始发	H84573	9:32	未识别:55。接续车次：H84573。注意：72053一组
3						
4	11304	8:06	金港:41;金州:17。接续车次：11304	H84575	13:19	本溪湖:56。接续车次：H84575。注意：72053二组
5	21832	8:14	金州:65			
6	11308	8:36	金港:60。接续车次：11308	34931	13:52	本溪:55。注意：重联试运
7	47928	8:46	熊岳城:55	34939	16:46	本溪:55。注意：重联试运
8	11302	9:07	金港:52;金州:6。接续车次：11302	34943	17:18	北台:43;本溪:10
9	21716	9:18	鲅鱼圈北:60			
10	86966	9:32	金州:49。接续车次：86966			
11	11202	9:38	鲅鱼圈北:66。接续车次：11202			
12	31990	14:19	灵山:65			
13	51002	14:31				
14	51002	14:41				
15	52098	15:07				
16	47930	15:15	熊岳城:65			
17	21720	15:36	鲅鱼圈北:65			
18	51002	15:49				
19	21838	16:01	金州:65			
20	62772	16:10	金港:60;空车GQ:4。接续车次：62772。注意：超长			
21						
22	21722	16:18				
23	86956	16:30	鲅鱼圈北:49。接续车次：86956			
24	80246	16:37	鲅鱼圈北:64。接续车次：80246。注意：松原始发			
25						
26	21840	16:45	金州:65			
27	11306	16:55	金港:59。接续车次：11306			
28	86302	17:08	鲅鱼圈北:57。接续车次：86302			
29	41154	17:34	海城:11;旧堡:29;小站:2			
30	21724	17:45	鲅鱼圈北:65			

图 3-2　发往各方向的列车车次、时分、机车交路及型号、机车号，编组内容、编组要求、车流来源、特种车辆及货物的编挂限制示例

（3）摘挂列车的装卸、甩挂作业计划。

（4）按发货单位、品名、到站别的装车（包括直达和成组装车）计划及空车来源。

（5）卸车数（整列货物品名、收货人）及排空任务。

（6）施工日计划。

（7）重点任务、指示。

任务 3.4 交 接 班

一、《铁路运输调度规则》总体要求

各级调度应建立交接班和班中会制度，保持调度工作的连续性。

国铁集团、铁路局交接班和班中会，分别由值班部长、值班主任负责主持，有关工种调度人员参加。

（一）接班会

传达有关命令、指示和重点事项，通报上一班安全、运输生产情况，布置安全注意事项，研究本班完成运输生产经营任务的具体措施。

（二）班中会

每班至少召开一次，根据调度日（班）计划执行情况，研究完成本班和全日任务的具体措施。

（三）交班会

各工种调度分别汇报本班安全、运输生产经营任务完成情况，分析存在的问题，总结经验教训。

各工种调度交接班时，交班内容和待办事项必须清楚、完整，不得遗漏。

二、交班前的准备工作

（1）参加交接班人员，于 7:00 或 18:00（根据各站实际情况）到岗了解本岗位情况，接班会上要汇报各场区现在车情况，股道运用、列车开行、机车交路和货场、段管线、专用线、装卸车等情况，并听取有关命令、重点事项的传达。

（2）交班基础工作标准。

① 整备机车要及时入库。

② 编组完成但交班前未发出的列车，由上班将列车编组顺序表、货票及列车检查好，交接班列车应重点交接。

③ 本班扣留的换装整理的车辆，要在本班内进行处理，本班处理不了的，下一班必须处理完毕。

④ 18:30（6:30）前到达的列车（包括减轴、挂车的单机）解完，21:30（9:30）前出发的列车（包括补轴、挂车的单机）编完（各站根据具体情况自行确定并纳入《车站行车工作细则》）。

⑤ 停留车固定调车线，活用线路时，必须成组停留。

⑥ 装卸作业完成情况。

⑦ 特种车及装载特种货物的车辆，按接续时间及出发列车编组内容，在本班内挂走或编入列车。

⑧ 按规定安排调车机整备、加油。

⑨ 不留堵门车。

三、交班基础情况

交班基础的好坏，对于完成班工作任务影响很大。例如，本班应解、应编的列车若未及时解体和编组，将造成下一班工作的忙乱，甚至造成列车出发晚点；本班应送、应卸的车辆若未及时送入装卸地点或未按时卸空，势必影响下一班装卸任务的完成。

本班应解、应编的列车与应送、应卸的车辆，是根据车站技术作业过程确定的。例如，有的车站规定19:00（7:00）以前到达的列车和22:00（10:00）以前出发的列车为应解和应编列车，本班必须解完、编妥，为下一班的工作打下良好的基础。

四、交接班的内容及要求

（1）编解进度、车流衔接情况。

（2）特种货物存放地点及要求。

（3）列车到开情况。

（4）调车机整备情况。

（5）重点命令、领导指示、重点列车。

（6）方案执行、安全生产情况。

（7）施工项目、影响范围（施工项目、影响范围示例见图3-3）。

<table>
<tr><th colspan="3">苏家屯站施工计划　　5月5日</th></tr>
<tr><td rowspan="2">上行接车</td><td>浑河</td><td>1. 12:50—13:50上行到达场工务、电务维修，封锁上行到达场沈阳侧道岔及线间线路（不含沈大线）。
2. 13:50—15:50上行到达场9道工务维修，封锁上行到达场9道。（腾空线路，不含两端道岔、不影响电务绝缘信号设备）。
3. 10:20—13:20（约对应上行到达场11:00—14:00）转弯桥至于洪间工务施工封锁，辽北方向不能来车。
4. 11:45—13:45（约对应上行到达场12:00—14:00）揽军屯至浑河间工务维修封锁，沈西、辽北方向不能来车</td></tr>
<tr><td>榆树台</td><td>8:40—10:10（约对应上行到达场9:00—11:30）孤家子至榆树台间工务维修封锁，苏抚上行线不能来车</td></tr>
<tr><td rowspan="2">上行发车</td><td>林盛堡</td><td>1. 10:30—11:30上午出发场供电维修，封锁上行出发场1、2、3道。接触网影响范围：上行出发场1～13道、苏抚上行线C24开关以南接触网停电。断开苏家屯站C4开关，确认苏家屯站CJ4、06、C24开关在分位。严禁电力机车进入上行出发场405号道岔至客场SL8信号机间线路、上行出发场D403信号机至客场7道间线路、上行出发场403号道岔至客场D12信号机间南入库圈线、上行出发场D401信号机至机务段D1信号机间南出库圈线、上行到达场D201信号机至上行出发场SL4信号机间苏抚上行线、上行出发场1～13道及402～404号岔间渡线。
2. 10:30—11:30上行出发场工务、电务维修，封锁上行出发场大连侧道岔及岔间线路。
3. 10:20—11:50（约对应客场10:00—11:30）林盛堡至灯塔间工务维修封锁，沈大上行线不能开车</td></tr>
<tr><td>吴家屯</td><td>9:45—12:45（约对应客场9:30—12:30）吴家屯站内电务施工封锁，沈丹下行线不能开车</td></tr>
<tr><td>下行接车</td><td>林盛堡</td><td>9:50—11:10客场79、81、83号道岔工务施工，封锁客场7道牵出线车挡至S2信号机间线路，59、61、63、65号道岔（不含59、61、63、65号道岔）至S3信号机间线路，59、61、63、65号道岔至XV信号机间线路。占用其他线路及道岔与车站商定。工程车作业开始前由调度安排20分钟电务调试。工程车出清作业地点（施工期间禁止客场2～4道对沈丹上行线办理接车及调车作业，施工开始前将客场2、4道线路腾空）</td></tr>
</table>

图3-3 施工项目、影响范围示例

（8）临时加开或停运情况。

（9）列车确报示例（见图3-4）。

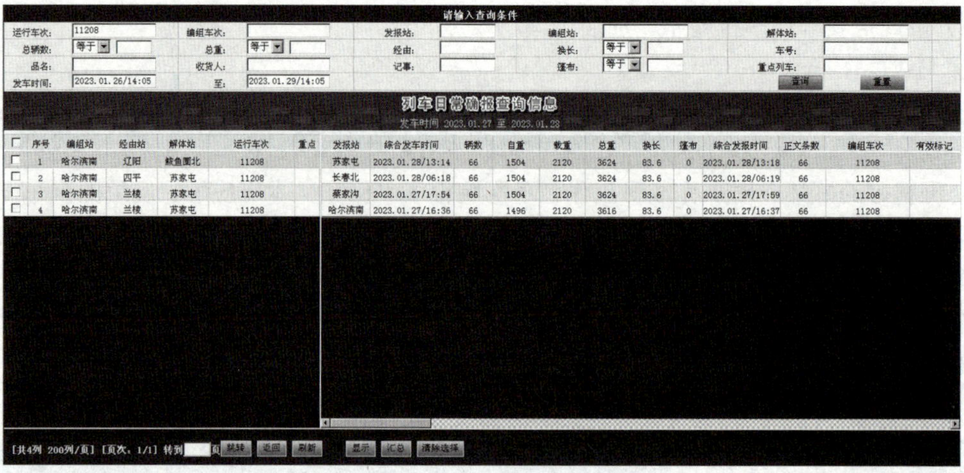

序号	编组站	经由站	解体站	运行车次	重点	发报站	综合发车时间	辆数	自重	载重	总重	换长	篷布	综合发报时间	正文条数	编组车次	有效标记
1	哈尔滨南	辽阳	鲅鱼圈北	11208		苏家屯	2023.01.28/13:14	66	1504	2120	3624	83.6	0	2023.01.28/13:18	66	11208	
2	哈尔滨南	四平	苏家屯	11208		长春北	2023.01.28/06:18	66	1504	2120	3624	83.6	0	2023.01.28/06:19	66	11208	
3	哈尔滨南	兰棱	苏家屯	11208		蔡家沟	2023.01.27/17:54	66	1504	2120	3624	83.6	0	2023.01.27/17:59	66	11208	
4	哈尔滨南	兰棱	苏家屯	11208		哈尔滨南	2023.01.27/16:36	66	1496	2120	3616	83.6	0	2023.01.27/16:37	66	11208	

图 3-4　列车确报示例

任务 3.5　资料收集与报告

一、资料收集

（1）交班调度工作进度情况及特殊任务、命令、指示等。

（2）收集第一阶段三小时内列车到达情况及列车编组确报。第一阶段三小时内列车到达情况及列车编组确报示例如图 3-5 所示。

设置阶段结束时间 2020-04-28 06点　查看　设置打印纸张大小 A3(29.7厘米×42厘米)　打印　归档打印　退出

项目	组号		14	15	16	18	19	三间	23	24	入关	28	入古中	30	棋盘	20	21	前甸	25	葦党	41	本	P	C	N	X	B	G	V	它	非	超級	军	集	无	扣	修装	倒	军用	备用	军运
编组场车流			9				45	2		28	4	30	6	4	26	19	21		7		10	27	16	42	2	3				19	174				16						
到达未了达解体计	21855	21:56(XD05)	6								1																			19					5						
小计=编组场车流+到达场车流			15				45	2		28	5	30	6	4	26	19	21		7		10	27	16	42	2	3				38	174				21						
出发场占线车流	79107	5:01(续79107)(XF01)																												29											
出发场占线车流	11307	4:32(续11307)(XF02)	45																				16																		
出发场占线车流	62622	5:26(续62621)(XF03)																																	45						
出发场占线车流	11303	5:12(续11303)(XF04)	55																																						
出发场占线车流	31711	2:36(XF06)					65																																		
出发场占线车流	11117	5:43(XF07)	64																																						
出发场占线车流	11513	5:01(XF09)												60	5																										
出发场占线车流	12005	5:49(XF10)						25															27										2		1						
出发场占线车流	86667	3:33(XF11)										56																													
出发场占线车流	49030	5:12(XF14)								42																															
已经编制编组计划的列车	49020	6:05(XF12)								38	5														9	13															
已经编制编组计划的列车	62771	6:10(XF13)													64																										
已经编制编组计划的列车	49601	6:40(XF15)				31																																			
合计=小计+出发场车流			179			31	110	27		108	10	86	6	64	95	19	21		7		10	27	59	42	11	16				67	174		2		67						
预计3小时解体到达	21707	2020-4-28 6:00:00					17							17									7	22																	
预计3小时解体到达	34926	2020-4-28 6:18:00	1					2		3			2	2										32						5	2										
预计3小时解体到达	21501	2020-4-28 6:24:00					17			24						11							6	1											3						
预计3小时解体到达	49207	2020-4-28 6:32:00					10							15																											
预计3小时解体到达	47905	2020-4-28 6:42:00					22			1				20									15																		2
预计3小时解体到达	49221	2020-4-28 7:29:00												37									2	11																	
预计3小时解体到达	21705	2020-4-28 7:37:00	14				24															4	8	5											6						
预计3小时解体到达	34942	2020-4-28 8:36:00																																							
预计3小时直通到达	11311	2020-4-28 6:00:00	53																																						
预计3小时直通到达	86966	2020-4-28 6:00:00																																							
预计3小时直通到达	34950	2020-4-28 6:33:00	3								8			4										31																	
预计3小时直通到达	80109	2020-4-28 6:53:00																																							
预计3小时直通到达	21505	2020-4-28 7:11:00										61																													
预计3小时直通到达	87791	2020-4-28 7:19:00																						57																	
预计3小时直通到达	86981	2020-4-28 7:51:00																																							
预计3小时直通到达	80243	2020-4-28 8:15:00																61																							
小计车流+预计到达车流			86				135	4		56	13	91	8	99	26	30	21		68		10	31	54	201	2	3				43	176				30						2
小计+预计到达-预计出发			86				135	4		56	13	91	8	99	26	30	21		68		10	31	54	201	2	3				43	176				30						2

图 3-5　第一阶段三小时内列车到达情况及列车编组确报示例

（3）到、发线列车占线情况（到发时刻、内容、股道别及车次）和调车机作业进度，以及需要编组列车的车流来源。到、发线列车占线情况和调车机作业进度，以及需要编组列车的车流来源示例如图 3–6 所示。

班计划摘要

班计划摘录（下行出发）

2020年4月28日 --白班

序号	虎石台			沈阳西		
	出发车次	时刻	备注	出发车次	时刻	备注
1	11307	6:52	哈尔滨南:47;哈尔滨南:45;空车P:15;空车P:16。接续车次：11307。注意：排局	62622	8:04	通辽:45。接续车次：62622。注意：东辽阳始发
2						
3				49020	8:12	空车N:14;山海关:20;沈阳西:27
4	11303	7:07	哈尔滨南:57;哈尔滨南:55。接续车次：11303。注意：排局	H89810	10:06	空车C:114
5				49024	11:01	山海关:25;沈阳西:35
6	12005	7:17	空车P:35;三间房:25	49601	14:03	大成:30
7	11311	7:28	哈尔滨南:55;哈尔滨南:53。接续车次：11311。注意：排局	49026	15:34	空车N:15;山海关:16;通辽:22
8				H87262	16:42	空车C:57
9	11117	7:44	哈尔滨南:59。注意：排局	49028	17:50	沈阳西:40
10	86991	7:48	空车C:1;棋盘:57;棋盘:55。接续车次：86991。注意：长春北至金珠超长	榆树台		
11				34739	10:13	大官屯:18
12	85009	8:20	空车GN:3;让湖路:62。接续车次：85009。注意：排局	43183	10:47	梅河口:24;通化以远:10;榆黑:18。注意：超长
13						
14	80109	8:27	三间房:52。接续车次：80109。注意：排局	49701	13:36	空车SQ:25
15				50007	14:15	
16	31711	8:32	四平:65	80591	15:11	梅河口:50。接续车次：80591。注意：长兴岛始发，沈吉线超长
17	80243	8:41	梅河口:61。接续车次：80243。注意：长春北至吉林西间超长			
18						
19	89001	8:52	空车P:53。接续车次：89001			
20	79107	9:01	空车J:29。接续车次：79107			
21	52045	9:08				
22	62771	9:10	空车G:60;空车GQ:22;棋盘:42。接续车次：62771。注意：长春北至龙潭山间超长			
23						
24						
25	11513	9:21	长春北:63			
26	52043	9:28				
27	11515	9:41	长春北:67			
28	31807	10:25	铁开:61。接续车次：21505			
29	86667	10:35	文毛:56。接续车次：86667。注意：新台子			
30						
31	11305	11:44	哈尔滨南:55。接续车次：11305。注意：排局			
32						
33	31713	12:10	四平:65			
34	11129	12:29	哈尔滨南:60			

图 3–6　到、发线列车占线情况和调车机作业进度，以及需要编组列车的车流来源示例

（4）到发线待解、待发列车车次、编组内容及到发时刻。

（5）出发列车的机车交路、货车扣修及修竣计划。

（6）调车线存车情况（去向别重车、车种别空车及本站作业地点别本站作业车）。调车线存车情况示例如图 3–7 所示。

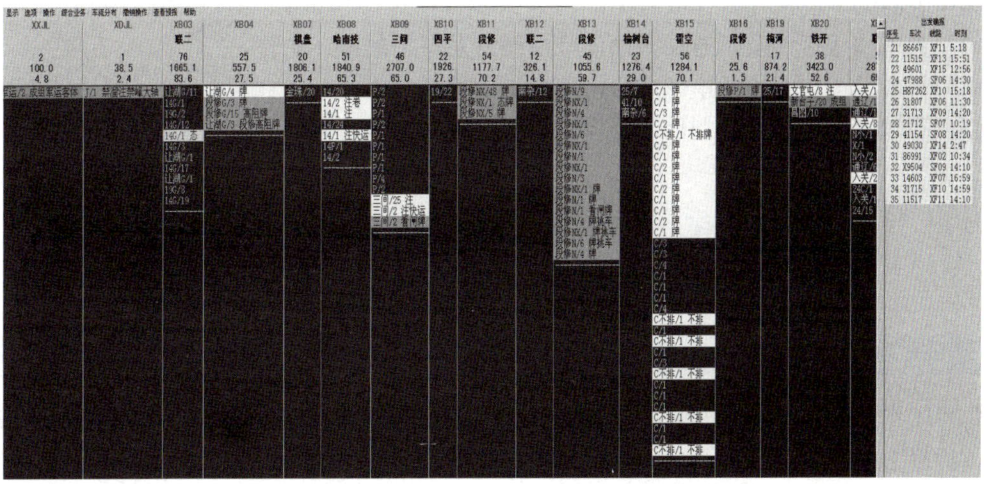

图 3–7　调车线存车情况示例

（7）调车作业进度及调车机整备情况。

（8）各专用线装卸车计划及其执行情况，配空车及待卸车情况。

（9）其他重点事项。其他重点事项示例如图 3-8 所示。

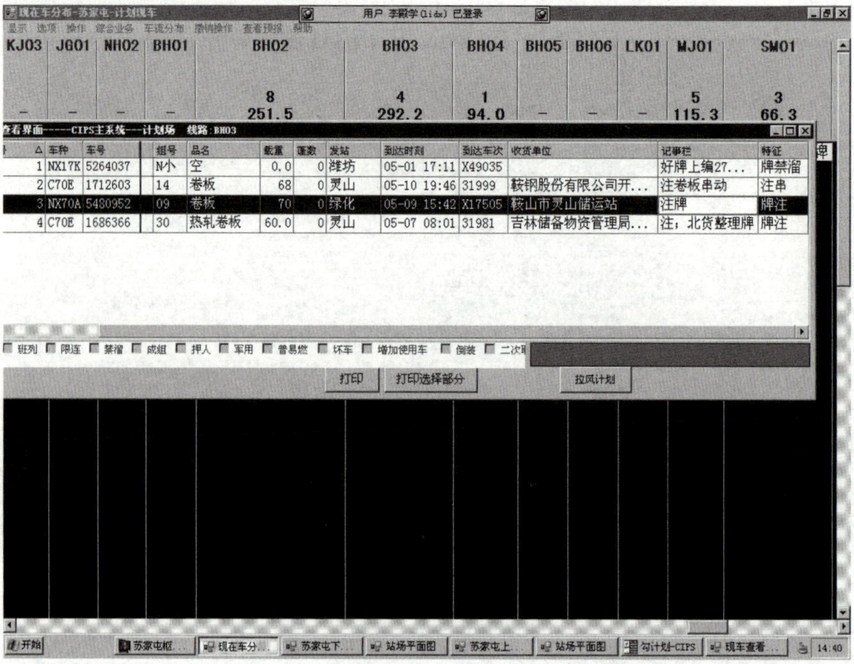

图 3-8　其他重点事项示例

二、车站有关人员在完成作业计划过程中，须遵守的报告、联系制度

调车领导人（或掌握现在车人员）须遵守下列制度。

（1）接班后和每一阶段作业计划完成之后，及时向车站调度员报告现在车情况。

（2）列车编组内容确定后或编组作业开始，通知车号员做好列车编组的票据排序和列车编组顺序表的编制工作。

（3）列车编成后，及时通知车站值班员做好发车前的准备工作。

（4）每一调车作业通知单完成后，向车站调度员报告实际作业起止时分和有关情况。

（5）下达取送车作业计划后，要通知货运调度员转告有关作业点的货运员。

任务 3.6　班工作总结与分析

一、每班工作结束后，站长（或分管副站长）主持召开班工作总结分析会

每班工作结束后，站长（或分管副站长）主持召开班工作总结分析会。调度室主任、运转主任、货检主任、货运主任、装卸主任、车站调度员、车站值班员、货运调度员、调车区长和其他必要人员参加，听取交班的值班站长和有关人员汇报本班工作情况，并对下列内容进行重

点总结分析。

（1）安全生产情况：事故和违章违纪等不安全因素及责任者，防止事故发生的人员及其防止事故发生的经验。

（2）出发列车晚点原因及责任者。

班计划兑现示例如图 3–9 所示。

2020年4月27日18点—2020年4月28日6点　上行出发班计划兑现

序号	车次	计划时间	计划编组	实际时间	实际编组	编组时间	早点	晚点	末勾车次	到达时间	原因	机车	机车来源	机车到时
1	79126	18:46	金港\18（接续79126）	21:40	051\18（共18辆）	20:09		02:53						
2	21808	19:17	金港\28；金州\10；瓦房店\27	19:12	05\12；051\23；35\27（共62辆）	18:03	00:05		17503	15:27		HXN31391	12004	17:26
3	86968	19:47	金州\49（接续86968）	19:44	05\46（共46辆）	19:14	00:03							
4	H87766	20:15	空车C\57（接续H87766）	20:10	05\57（共57辆）	18:58	00:05							
5	H87468	20:25	空车C\56（接续H87468）	20:20	05\56（共56辆）	19:08	00:05					HXN36023	H87468	19:08
6	79106	20:32	金港\29（接续79106）	21:00	051\29（共29辆）	19:25		00:28						
7	80270	20:44	金港\29（接续80270）	21:08	051\29（共29辆）	20:25		00:23						
8	80366	20:55	鲅鱼圈北\55（接续80366）	20:28	06\55（共55辆）	19:12	00:27					HXN36033	80366	19:12
9	41150	21:08	熊岳城\66	21:17	范屯\61（共61辆）	19:59		00:09	12004	17:26				
10	21820	21:18	金港\47；金州\15	21:50	051\53；05\6；05船\2（共61辆）	19:49		00:31	12004	17:26				
11	11310	22:19	金港\57（接续11310）	22:41	051\57（共57辆）	21:56		00:22						
12	47902	22:41	辽阳\72	23:32	07\7；小屯\4；071\56（共67辆）	22:19		00:50	fx81					
13	H87478	22:55	空车C\58（接续H87478）	23:16	05\58（共58辆）	21:45		00:20						
14	11204	23:06	鲅鱼圈北\66（接续11204）	23:04	06港\12；06\54（共66辆）	22:55	00:02					HXD21371	11204	22:55
15	86950	23:42	鲅鱼圈北\49（接续86950）	00:52	06港\49（共49辆）	23:26		01:10						
16	21826	00:15	金港\35；金州\29	00:55	051\33；05\19；05船\9（共61辆）	22:55		00:39	有					
17	21702	00:23	鲅鱼圈北\63	22:33	06\58（共58辆）	20:35	01:50		有					
18	51002	00:30		22:01			02:29							
19	11206	00:37	鲅鱼圈北\54（接续11206）	00:22	06\23；06港\31（共54辆）	23:56	00:15							
20	11208	00:47	鲅鱼圈北\62（接续11208）	01:07	06\62（共62辆）	00:41		00:19				HXN31399	11208	00:41
21	41152	01:01	海城\12；旧堡\4；空车N\30；小站\7	01:50	王家\1；严家\8；崖王\2；33\12；06\34（共5	00:22		00:48	有					
22	51022	01:09		22:07			03:02							
23	21704	01:34	鲅鱼圈北\63	01:41	06\64（共64辆）	00:03		00:06	14604	21:14		HXN36057	49009	23:01
24	11314	01:45	金港\42；金州\16（接续11314）	01:59	05\16；051\42（共58辆）	01:04		00:13						
25	21828	02:04	金港\33；瓦房店\23	02:09	05\25；05船\2；35\37（共64辆）	00:31		00:04	fx62					
26	21706	02:23	鲅鱼圈北\66；空车GQ\2（接续11602）	02:40	轻G\2；06港\66（共68辆）	02:25		00:16						
27	51024	02:30		03:11				00:41						
28	80300	02:37	金港\28（接续80300）	04:41	051\29（共29辆）	03:14		02:03						
29	X9510	02:46	鲅鱼圈北\55（接续X9510）	03:38	06\55（共55辆）	03:22		00:51						
30	47986	03:04	旧堡\66	00:11	08\66（共66辆）	23:16	02:53							
31	51026	03:23		03:50				00:27						
32	21832	03:34	金港\61（接续12006）	03:01	051\61（共61辆）	02:36	00:33							

图 3–9　班计划兑现示例

（3）列车编组违反《铁路技术管理规程》《行车组织规则》和列车编组计划、调度命令的情况、原因、责任者。全站违编车流统计示例如图 3–10 所示。

2020年4月27日18点—2020年4月28日6点　全站违编车流统计

方向	车次	到达时间	违编率	编组内容	违编车流
四平	14604	2020-4-27 21:14:00	22.58%	05:8;051:14;06:20;071:20（共62辆）	金港:14（共14辆）
金州	21843	2020-4-27 18:07:00	4.69%	棋盘:5;三间:5;14:33;16:16;N小:2;C不排:1;C:2（共64辆）	:3（共3辆）
	21851	2020-4-27 22:26:00	3.28%	L:4;P:11;P:7;三间:5;C:1;24:1;陈相:2;通辽:11;南杂:6;入关:12;C:1（共61辆）	:2（共2辆）
	21811	2020-4-28 3:58:00	9.23%	14:6;P:8;P:5;通辽:11;N小:2;24:1;入关:1;C:2;20:18;新九:5;C不排:3;X:1;C:1;J:1（共65辆）	:6（共6辆）
灵山	31995	2020-4-27 18:15:00	10.91%	C不排:1;18:10;14:5;通辽:6;金珠:12;临修:1;C:3;C:2;让湖:1;24:14（共55辆）	:6（共6辆）
	31975	2020-4-28 2:39:00	18.18%	24:24;C不排:5;临修:1;30:13;C:3;C:2;18:5;段修:1;14:1（共55辆）	:10（共10辆）

图 3–10　全站违编车流统计示例

（4）装卸车计划（包括直达、成组）未完成的原因及责任者。

（5）中时、停时指标，未完成计划指标的原因及责任者。

（6）列车编组晚点和未按规定时间完成车列解体任务的原因及责任者。

列车技术作业大表如图 3-11、图 3-12 所示。

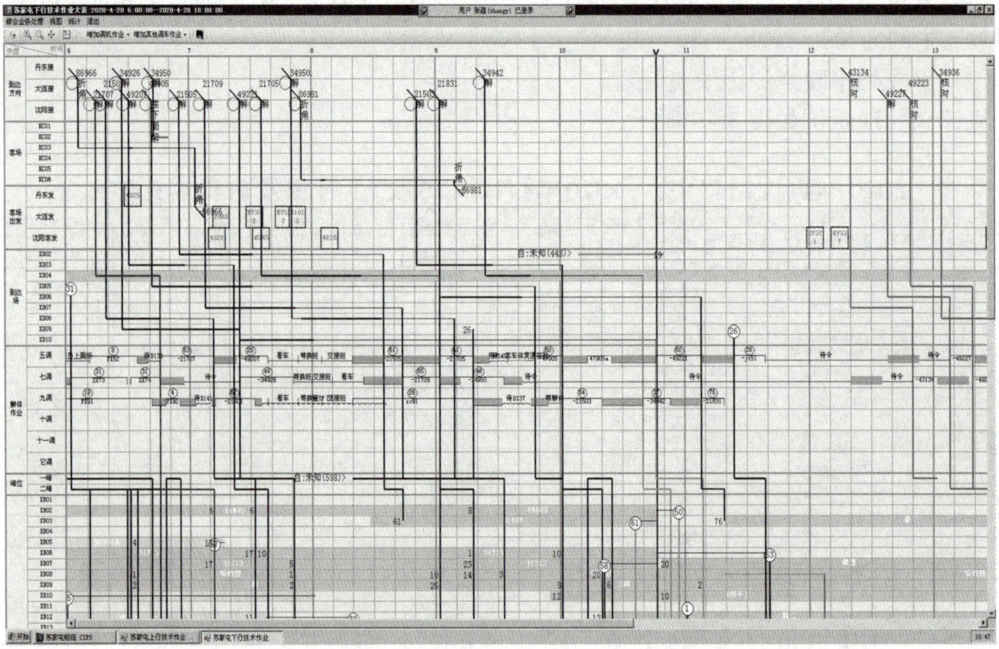

图 3-11　列车技术作业大表 1

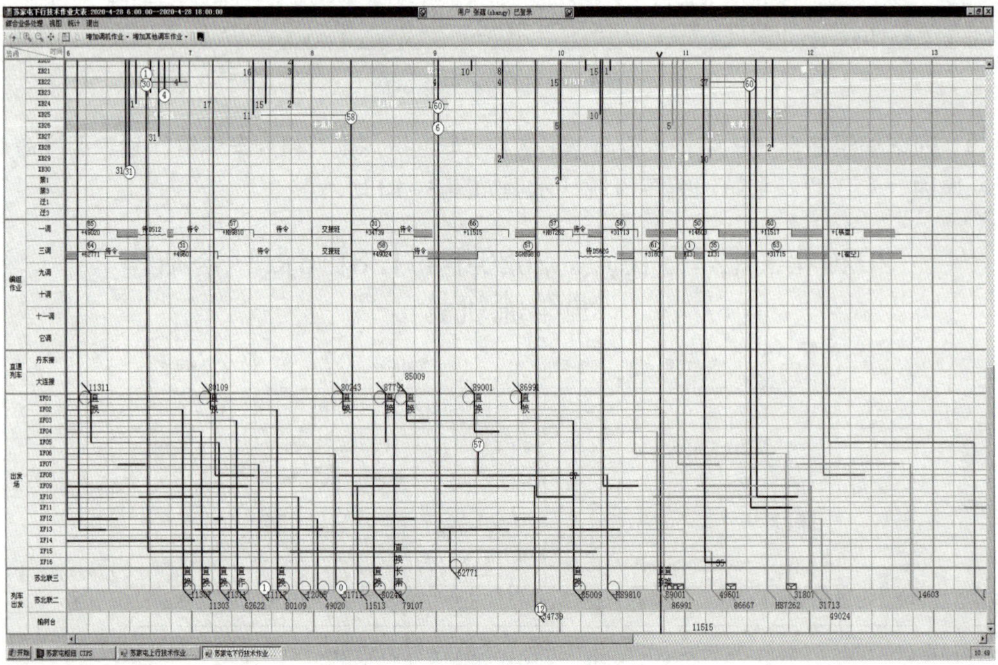

图 3-12　列车技术作业大表 2

（7）调车机故障或整备影响调车作业计划完成的情况。

（8）未完成规定的交班基础条件的原因及责任者。

（9）堵塞、满线、运输不畅通或其他主客观原因影响正常运输生产的情况、原因、后果及恢复正常的措施。

（10）完成任务的先进经验和工作方法，未完成任务的原因、教训和改进意见。

二、班工作总结与分析

站长（或分管副站长）在交班会上，要通过班计划表和作业图表检查工作，对值班站长总结分析的有关内容给予指示，并记录于交班记录簿内。

对车站日（班）计划的编制和执行质量，按下列公式进行考核。

（1）每列出发列车计划兑现率。

$$每列出发列车计划兑现率=\frac{兑现车数}{计划（或实际）车数}\times100\%$$

$$日、旬、月兑现率=\frac{总兑现车数}{总计划（或实际）车数+停运、加开车数}\times100\%$$

（2）每列到达列车计划兑现率。

$$每列到达列车计划兑现率=\frac{兑现车数}{计划（或实际）车数}\times100\%$$

$$日、旬、月兑现率=\frac{总兑现车数}{总计划（或实际）车数+停运、加开车数}\times100\%$$

（3）装车计划兑现率。

$$装车计划兑现率=\frac{兑现车数}{计划（或实际）车数}\times100\%$$

$$日、旬、月兑现率=\frac{总兑现车数}{总计划（或实际）车数+计划落空车数+计划外总车数}\times100\%$$

（4）到达本站作业车计划兑现率。

$$到达本站作业车计划兑现率=\frac{兑现车数}{计划（或实际）车数}\times100\%$$

（5）卸车计划兑现率。

$$卸车计划兑现率=\frac{实际卸车数}{有效卸车数}\times100\%$$

注：

① 每列计划兑现率，以按日（班）计划规定的车次，正点到、发的列车为前提。晚点列车按全列不兑现计算。

② 兑现车数系指实际到、发列车和装车内容，符合原计划内容的去向或到站的重车数、车种别空车数。

③ 每列计划车数与实际车数相比较，取数字大者为分母。

④ 总兑现车数为逐列兑现车数之和。

⑤ 总计划（或实际）车数，系指每列逐项计划（或实际）车数之和，并应将停运列车的计划车数、加开列车的实际车数、装车的计划落空车数、计划外装车数一并加入。

⑥ 日班计划的考核，不要求逐日进行，可每旬、月抽查一天作为旬、月考核的依据。

项目 4

车站阶段计划的编制

任务 4.1　车站阶段计划的内容

阶段计划是保证实现班计划的行动计划，阶段计划由车站调度员负责编制。

一、阶段计划的内容

阶段计划的内容如下。

（1）各方向到达列车车次、时分、机车型号、机车号、进入场别、占用线别、编组内容、解体顺序和起止时分。

（2）发往各方向的列车车次、时分、机车交路及型号、机车号、编组内容、车流来源、占用发车场别、线别、编组作业起止时分。

（3）各货场及专用线别的卸车数、品名、收货人、送车时间、卸空时间、空车用途。

（4）各货场及专用线别的装车数、车种、品名、到站、空车来源、送入时间、装完时间、挂运车次。

（5）装载重点军用、超限超重、剧毒品等特种货物的车辆加挂车次、辆数、编挂限制。

（6）中转列车成组甩挂车次、时间、辆数、去向。

（7）各场（区）及货场、专用线间的车辆（包括检修、洗刷、倒装等车辆）的交换次数、取送地点、时间、辆数。

（8）客车底取送及摘挂的车次、时间、地点、车种、辆数。

（9）调车机运用和整备计划，驼峰解体、牵出线编组及取送作业的安排。

（10）各列检作业场的扣车计划。

（11）施工和维修计划。

二、编制阶段计划需掌握的资料

车站调度员（或助理调度员）于每天 18:00、0:00、6:00、12:00 向铁路局调度所报告包括重车分去向（其中到本局和邻局管内摘挂车流分到站）、待卸车和空车分车种的现在车情况。

阶段计划的编制，须掌握下列资料。

（1）列车到发和占线情况。

（2）现在车分布状况。

（3）班计划规定该阶段内到发列车时分、编组内容。

（4）编组、解体、装车、卸车、取送和场间交换作业情况。

（5）到达列车预确报。

（6）调车场分类线使用情况。

（7）调车机运用和整备状况。

（8）机车交路情况。

（9）车辆检修、扣车计划。

（10）施工和维修计划。

铁路局调度于阶段计划开始前一小时，将下一阶段的列车运行调整计划（包括到发列车车次、预到时分、编组内容、机车交路及型号、机车号）等有关情况通知车站值班站长（或车站调度员）。

三、阶段计划中的到发线确定

阶段计划中的到发线运用计划，由车站调度员和车站值班员共同负责确定，由车站值班员亲自掌握。车站调度员或车站值班员必须变更到发线使用计划时，须征得对方同意并在技术作业图表中作鲜明标记。

车站调度员和车站值班员在确定列车到发线运用计划互相矛盾或变更列车到发线运用计划时，应由车站值班站长决定。旅客列车到发线应固定使用。变更旅客列车到发线时，应通知客运等有关部门。

四、阶段计划的编制、审批和下达

阶段计划由车站调度员根据班计划和相关规则的规定，按列车编组计划、列车运行图，以及《铁路技术管理规程》(普速铁路部分),《行车组织规则》编组列车的规定,《车站行车工作细则》规定的各项技术作业的时间标准和调车区的划分、调车机的作业分工，利用车站技术作业图表进行编制，值班站长负责审批。

由车站调度员和车站值班员于阶段计划开始半小时前，将阶段计划和上级有关命令、指示、重点要求分别向有关工种人员布置下达。

任务 4.2　阶段计划的编制

阶段计划是班计划分阶段的具体安排，是完成班计划的保证。一个班分为 3～4 个阶段，一个阶段为 3～4 h。车站调度员（或助理调度员）于每天 18:00、0:00、6:00、12:00 向铁路局调度所报告的内容包括重车分去向（其中到本局和邻局管内摘挂车流分到站）、待卸车和空车分车种的现在车情况。

一、阶段计划的编制

（一）编制资料

列车到发和占线情况，现在车分布状况，班计划规定该阶段内到发列车时分、编组内容，编组、解体、装车、卸车、取送和场间交换作业情况，到达列车预确报，调车场分类线使用情况，调车机运用和整备状况，机车交路情况，车辆检修、扣车计划，施工和维修计划。

铁路局调度于阶段计划开始前一小时，将下一阶段的列车运行调整计划（包括到发列车车次、预到时分、编组内容、机车交路及型号、机车号）等有关情况通知车站值班站长（或车站调度员）。

阶段计划中的到发线运用计划，由车站调度员和车站值班员共同负责确定，由车站值班员亲自掌握。车站调度员或车站值班员必须变更到发线使用计划时，须征得对方同意并在技术作业表中作鲜明标记。

车站调度员和车站值班员在确定和变更列车到发线运用计划产生矛盾时，应由车站值班站长裁决。旅客列车到发线应固定使用。变更旅客列车到发线时，应通知客运等有关部门。

（二）编制步骤

填记本阶段开始时到发场、调车场、货场等各股道存车情况。

填记列车到发情况：

（1）根据列车到发计划，将列车车次、到发时刻，用铅笔填画在列车到发栏内。

（2）根据列车到发确报，将列车编组内容用铅笔填记在列车编组内容栏内。

（3）在列车到发场栏内，填画列车占用到发线的顺序和起止时分。根据编组列车的需要，合理组织车流，合理安排调车机车作业。

按填画技术作业表的规定，随时推算并填记调车场、装卸地点等处的车流变化情况。

（三）编制方法

（1）确定出发列车的车流来源。

（2）保证车流与运行线的密切配合。

（3）编制调车机车的运用计划。

（4）合理制定到发场（线）运用计划。

紧凑使用到发线；尽量照顾接发车作业，减少列车到发与调车作业的干扰。

二、阶段工作重点

阶段计划由车站调度员根据班计划和有关规定，按列车编组计划、列车运行图，以及《铁路技术管理规程》（普速铁路部分）、《行车组织规则》编组列车的规定，《车站行车工作细则》规定的各项技术作业的时间标准和调车区的划分、调车机的作业分工，利用车站技术作业图表进行编制，由值班站长负责审批。

第一阶段（18:00—21:00 或 6:00—9:00），一般以上一班安排的跨班计划为基础，接班前在值班站长的主持下由接班车站调度员进行编制。

这一阶段计划跨及两班。在这一阶段内下班的车站调度员要按规定的交班制度清理站场，因作业需要而活用的线路，在下班前要按规定的使用办法恢复固定使用；按规定完成应解、应编、应取、应送的作业任务；所有调车机车应于交接班前回到固定作业区域。同时要准备好有关的交班资料，以便使接班人员很快掌握情况，为下班工作打好基础。在这一阶段内接班的车站调度员一般以上一班安排的跨班计划为基础进行作业组织。由于这一阶段各工种人员需要换班，特别是调车机车也需要停止作业，这就产生了调车作业暂停的情况。这种情况会造成到达列车待解时间延长，影响到发线使用效率；如果延迟列车解编及货物作业车取送，还可能造成出发列车待编、晚点或停运。因此，这一阶段的工作重点是安排好调车机车的使用计划，消灭和减少因交接班作业中断所造成的影响。

第二阶段（21:00—0:00 或 9:00—12:00），调车机车需要整备，各工种人员需要吃饭。因此，重点工作是抓好机车整备和工作上的调整。

这个阶段是各工种人员精力最旺盛的阶段，是最出“活”的阶段。要尽量将各项作业计划向前安排，尽可能地考虑压缩各项技术作业过程时间，努力使计划趋于饱和，为后面可能出现的作业困难，留出可以调整的余地。安排调车机车整备，调整调车组吃饭时间也是这个阶段的工作组织重点。在有数台调车机车作业的车站上，整备时间最好交错进行。在各车场主体机车进行整备时，最好安排其他机车顶替作业，以减少影响。各场间的任务分配应注意同机车的整备工作相配合，在工作安排上消除不安全因素。

第三阶段（0:00—3:00 或 12:00—15:00）是计划执行的结算阶段。要详细检查本班或全日工作任务的完成情况，采取措施保证各项任务的完成。

这个阶段的特点与第二阶段在整备和吃饭问题上有相同之处，都需要通盘考虑。由于饭后人员易疲倦，吃饭前后的作业计划应妥善进行安排，避免饭后出现计划执行拖滞的情况。再有，上阶段产生的边角车辆，需要在班前挂走的，也要纳入本阶段计划。另外，提前进行管内车流的集结，也是需要在本阶段考虑的问题。

第四阶段（3:00—6:00 或 15:00—18:00）要准备好交班资料，以便接班人员尽快掌握情况，为下一班工作打好基础。

第四阶段是计划执行的结算阶段。6:00 是夜班工作的结算时间，18:00 是全日工作的结算时间，在这一阶段要详细检查本班或全日工作任务的完成情况，采取措施保证各项任务的全面完成。

各阶段共性要求：虽然各阶段有其不同的工作侧重点，但以下一些问题是每个阶段都需要注意的。

（1）严格依照列车编组计划和运输方案的规定编组列车是车站调度员的职责。车站调度员在编制阶段计划时，应严肃调度纪律，保证技术站编组的出发列车不出现违编问题。

（2）组织按照运行图行车是技术站运输生产各项组织工作的中心工作。车站调度员在编制阶段计划时，应围绕这一中心全面考虑流线结合、机列衔接的问题，积极组织车流上线，努力实现运行图要求。

（3）车站应保证不间断地接发列车。编组站畅通的重要因素是充分、合理地使用车站技术设备。车站调度员在编制阶段计划时，应重点对调车机车的使用和到发线的运用进行安排，提高车站通过能力。

（4）车站调度员在编制阶段计划时应根据本站作业的特点，结合本阶段的工作重点进行全面细致的安排。积极采用各种有效的工作方法，“均衡、平行、协调、衔接”地组织生产，提高改编效率，压缩货车停留时间，从而保证班计划任务的完成。

（5）车站调度员应严格遵守各项规章制度，杜绝违章现象的发生。编制阶段计划应符合车站技术作业过程对时间的要求，保证车站生产作业的绝对安全。

三、阶段计划的布置与下达

由车站调度员和车站值班员于阶段计划开始半小时前，将阶段计划和上级有关命令、指示、重点要求分别向有关工种人员布置下达，向调车区长或驼峰调车区长下达，向货运调度员下达，向其他人员下达。

1. 向调车区长或驼峰调车区长下达

（1）到发列车车次、时分、占用股道的先后顺序及起止时分；

（2）解体列车顺序、起止时分；

（3）编组列车顺序、起止时分、编组内容及车流来源；

（4）装卸、扣修、修竣、消毒、倒装、客车底等车辆的取送时间、地点、辆数；

（5）调车机整备计划、驼峰及牵出线作业安排。

2. 向货运调度员下达

（1）编挂本站作业车的车次、时分、货物品名、去向、车种、车数；

（2）到达本站卸车的重车数、卸车地点、货物品名、收货人；

（3）各货场、专用线作业车取送时间、辆数、装卸要求、挂运车次。

在一些装卸工作量较大、由货运调度员直接负责指挥调车机车取送作业的车站，上述内容应由货运调度员向有关作业地点的货运值班员（货运员）下达。

3. 向其他人员下达

（1）车站值班员向列检所值班员、机务段调度员、列车段派班员传达和核对计划，向车场助理值班员、场（区）信号长（信号员）、扳道长等有关人员下达到发列车车次、时分、占线顺序和重点要求。

（2）车站值班员向客运值班主任（或客运值班员）和客运站列检值班员传达旅客列车晚点、变更进路和客车摘挂计划。

（3）车站调度员和车站值班员在向有关人员下达阶段计划的同时，应将上级有关命令、指示和重点要求一并传达。

4. 作业区接受阶段计划

各作业区接受阶段计划通常采用以下几种形式。

（1）作业区采用“车场技术作业表”的车站，各作业区应按规定将上述阶段计划的内容在本区技术作业表上用线段填画。

（2）作业区未采用车场技术作业表的车站，则应设立《阶段计划登记簿》。

任务 4.3　车站技术作业图表

车站技术作业图表的填画步骤及方法如下。

（1）填记阶段开始时车站各处存车情况。

（2）填记列车到发情况。

根据本阶段预计的列车到达和列车出发计划，按时间先后顺序在列车到发栏填画列车运行线、列车车次和到发时分。

（3）填记无调中转列车。

① 自列车到达时刻，将垂直线引入该列车占用的到发线栏内。

② 垂直线经过编组内容栏时，根据列车确报在垂直线的右侧填记列车的编组内容：重车

填“去向/车数”，空车填“车种/车数”，并在编组内容外加方框。

③ 在列车占用的到发线栏内，从列车到达时刻起至规定的发出时刻止画一条横线，并标明起止时分，在横线上标明该列车的车次。如果是实际线，则还应标明列车技术作业的起止时分。

④ 在规定的列车发车时刻，用垂直线引至列车到发栏内，与对应的出发列车运行线衔接，并在本到发线行内的垂直线上画箭头，箭头指向出发运行线。

无调中转列车的填记方法如图 4–1 所示。

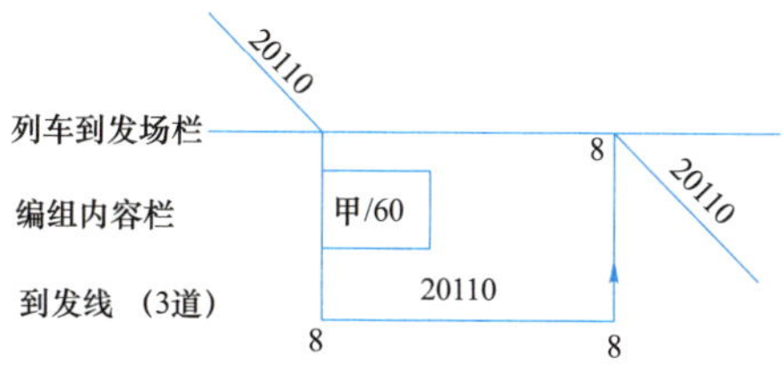

图 4–1 无调中转列车的填记方法

（4）填记调机动态。

根据调机运用计划，在调机动态栏内，按规定的线条、文字或符号，用折线填记每台调车机车的作业项目、作业起止时间和非生产时间。

（5）填记到达解体列车。

① 自列车到达时刻，将垂直线引入该列车占用的到发线栏内。

② 垂直线经过编组内容栏时，根据列车确报在垂直线的右侧填记列车的编组内容：重车填“去向/车数”，空车填“车种/车数”，编组内容外无须加方框。

③ 在列车占用的到发线栏内，从列车到达时刻起至调机运用计划规定的该次列车解体开始的时刻止画一横线，并标明起止时分，在横线上标明该列车的车次，在实际线上还应标明到达技术作业的起止时分。

④ 在调机运用计划规定的该列车解体开始的时刻，从对应到发线栏用垂直线引入解体占用的驼峰或牵出线栏，在驼峰或牵出线栏内，自解体开始时起至解体结束时止画一横线，并标明起止时分，在横线上注明“－×××××”，如有送禁溜车、限速车等作业内容，也应详细标明。

⑤ 在调机运用计划规定的该列车解体结束的时刻，从驼峰或牵出线用垂直线引入调车场相关线路，垂直线经过相关线路所在行时，在本线路所在行的垂直线的右侧填记解完该列车时该线路内的总车数（解体前该线路上的原有车数+解体该车列后进入该线路的车数）。

到达解体列车的填记方法如图 4–2 所示。

（6）填记编组出发列车。

① 在调机运用计划规定的该次列车编组开始的时刻，从编组相关线路用垂直线引入编组占用的驼峰或牵出线栏，在对应线路所在行的垂直线左侧画圈，圈内注明该线路内参加编组该次列车的辆数，在圈外右下角填记扣除参加编组的车数后的该线路上剩余的车数。

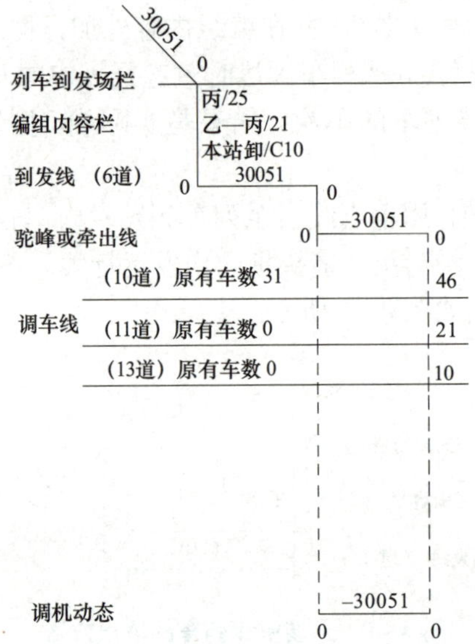

图 4–2　到达解体列车的填记方法

② 在所占用的驼峰或牵出线栏内，自调机运用计划规定的该次列车编组开始时起至编组结束时止画一横线，并标明起止时分，同时在横线上注明"+ × × × × ×"。

③ 在规定的编组结束的时刻，从驼峰或牵出线栏用垂直线引入编完的该次列车出发占用的到发线栏，在该到发线栏内自编组结束时起至列车出发时止画一横线，标明起止时分，横线上注明该列车的车次，在实际图上还应标明出发技术作业的起止时分。

④ 在规定的列车发车时刻，从出发线栏用垂直线引至列车到发栏内，与对应的出发列车运行线衔接，并在本到发线所在行内的垂直线上画箭头，箭头指向出发运行线。

编组出发列车的填记方法如图 4–3 所示。

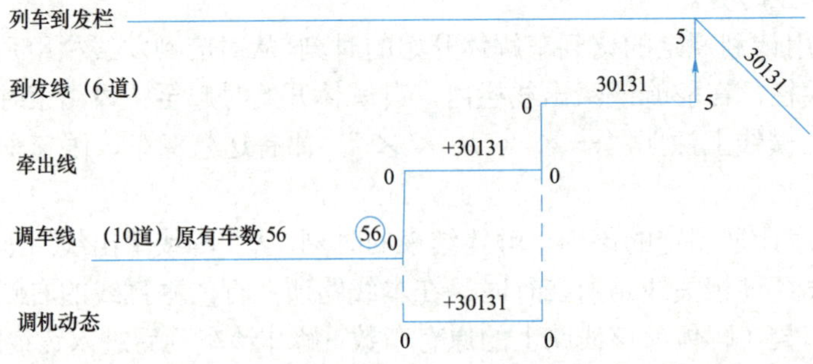

图 4–3　编组出发列车的填记方法

（7）填记送车作业。

① 在待送车辆所在线路行内，自调机运用计划规定的送车开始时刻，引垂直线至送车地点，在本线路所在行的垂直线上加画箭头，箭头指向送车地点方向，同时在垂直线左侧画圈，圈内填记送走的车数，圈外注明送车后该线路内剩余的车数。

② 在送到地点所在行内的垂直线上加画箭头，箭头方向同待送车辆所在线路行一致，同时在本行内的垂直线右侧填记该地点送车后的总车数（送车前该地点原有车数+送来的车数）。

送车作业的填记方法如图 4-4 所示。

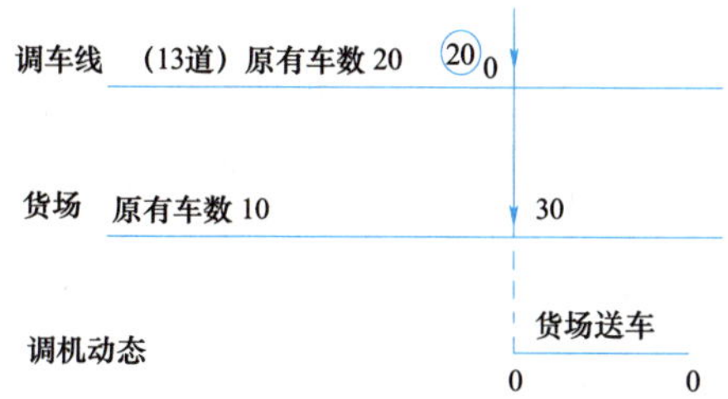

图 4-4　送车作业的填记方法

（8）填记取车作业。

① 在待取车所在行内，自调机运用计划规定的取车结束的时刻，引垂直线至车辆取回所在的线路所在行，在本行的垂直线上加画箭头，箭头指向取回方向，同时在垂直线左侧画圈，圈内填记取走的车数，圈外注明取完后该地点剩余的车数。

② 在车辆取回的相关线路所在行的垂直线上画箭头，箭头方向同待取车所在行一致，并在本行垂直线的右侧填记车辆取回后该线路的总车数（取车前该线路原有车数+取回至该线路的车数）。

取车作业的填记方法如图 4-5 所示。

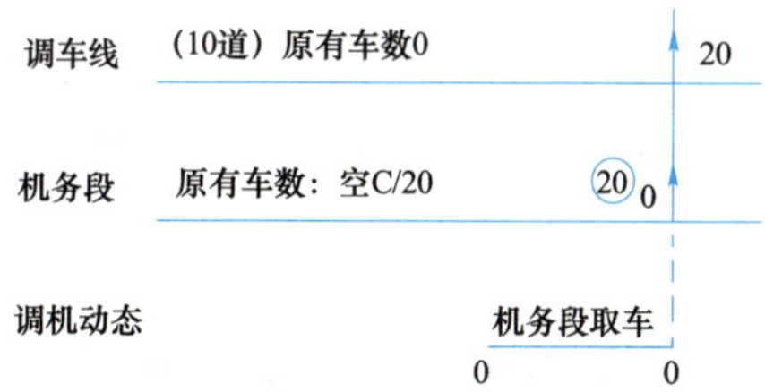

图 4-5　取车作业的填记方法

（9）填记取送结合作业。

将送车作业和取车作业的填记方法结合起来即可。取送结合作业的填记方法如图 4-6 所示。

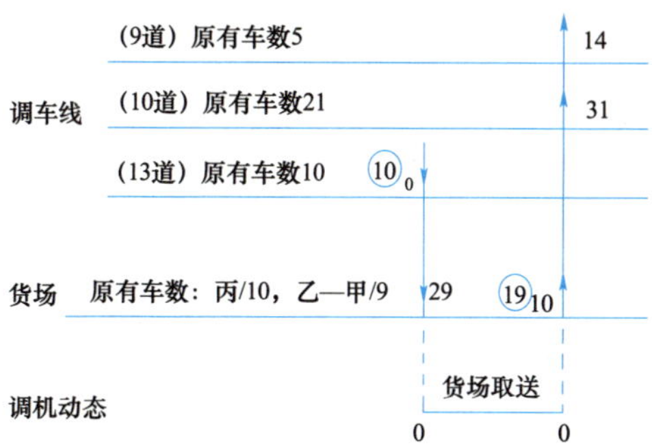

图 4-6　取送结合作业的填记方法

18:01—0:00 间乙站技术作业图表如图 4-7 所示。

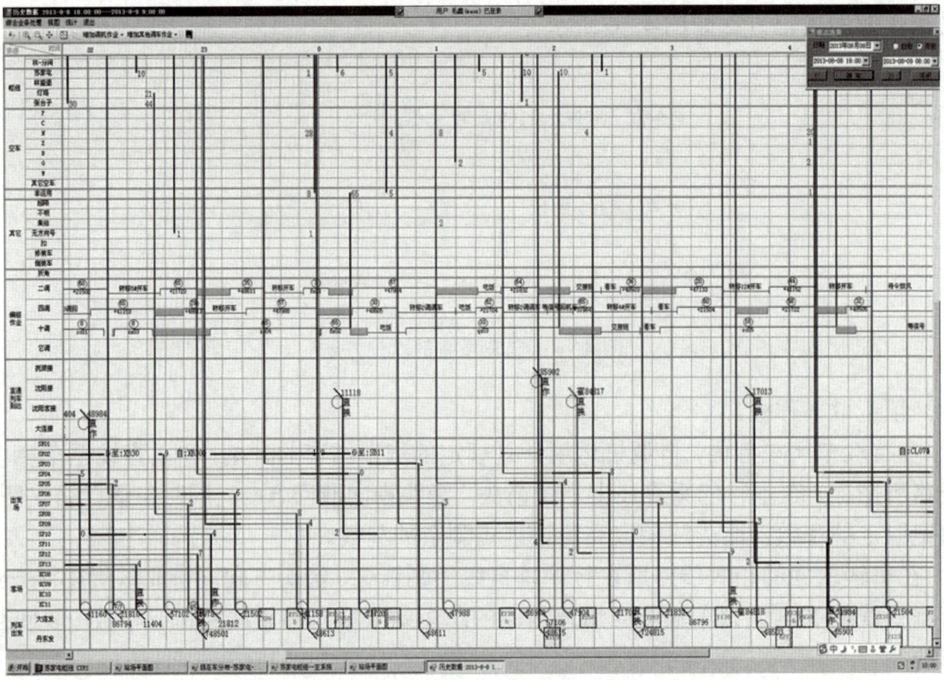

图 4-7　18:01—0:00 间乙站技术作业图表

任务 4.4　编制阶段计划实作

一、乙站在路网上的位置及其平面布置情况

乙站在路网上的位置及其平面布置情况如图 4-8 所示。

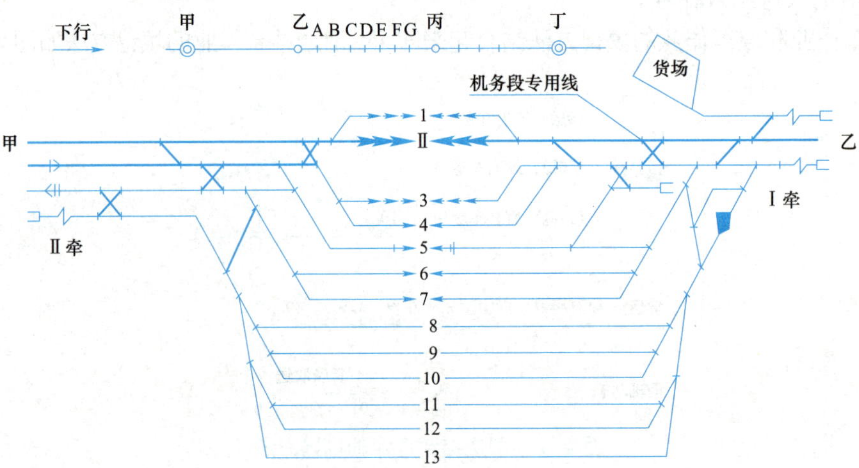

图 4-8　乙站在路网上的位置及其平面布置情况

二、乙站线路固定使用方案

乙站线路固定使用方案见表4-1。

表 4-1 乙站线路固定使用方案

股道	容车数	固定用途	股道	容车数	固定用途
1、3	65	上下行列车到发	10	70	空车、丙及其以远
Ⅱ	65	正线兼到发线	11	70	乙—丙间
4	65	无调中转货物列车到发	12	65	特种车
5		机车走行	13	60	本站卸车
6、7	70	改编货物列车到发	Ⅰ牵	60	Ⅰ调解体
8	75	甲及其以远	Ⅱ牵	60	Ⅰ调编组
9	75	乙—甲间			

三、18 点车站各处结存车情况

（1）到发线 4 道：22112 次　甲/55。
（2）调车线。
8 道：甲/15。
9 道：乙—甲/25。
10 道：丙/30，空/C15。
11 道：乙—丙/35。
13 道：P10（待送货场卸，卸空后 44141 挂运）。
（3）货物作业地点。
① 货场：甲/P5、乙—甲/P5、丙/P5（待取）；空/C10（已卸空）。
② 机务段：空/C5（已卸空）。

四、乙站配备调机一台，在Ⅰ牵作业，各项作业时间标准

乙站配备调机一台，在Ⅰ牵作业，各项作业时间标准如表 4-2 所示。

表 4-2 乙站配备调机一台，在Ⅰ牵作业，各项作业时间标准

作业项目	时间标准/min	作业项目	时间标准/min
到　达	35	卸　车	60
出　发	25	装　车	120
解　体	30	取　送	40
编　组	30（区段列车） 35（摘挂列车）	机车整备及交接班	30
无调中转列车作业	40	吃饭（在 0:00 前后）	30

五、18:01—0:00 间到达列车确报

18:01～0:00 间到达列车确报如表4-3 所示。

表4-3　18:01—0:00 间到达列车确报

方向	车次	到达时刻	编组内容
甲方向	22119	18:05	丁/55
	22121	19:50	丁/55
	33305	20:50	丙/25，乙—丙/15，乙/C15（货）
	22123	21:40	丁/55
丙方向	33006	18:35	甲/25，乙—甲/20，乙/C10（货）
	22114	19:35	甲/55
	22116	21:10	甲/55
	22118	22:40	甲/55
	44144	23:40	甲/30，乙—甲/15，乙/P10（货）

六、18:01—0:00 间列车出发计划

18:01—0:00 间列车出发计划如表 4-4 所示。

表 4-4　18:01—0:00 间列车出发计划

方向	车次	出发时刻	编组内容及车流来源
甲方向	22112	18:10	原列甲/55
	22114	20:15	原列甲/55
	44162	21:50	站存乙—甲/25，待取（货场）乙—甲/5，33006 乙—甲/20
	22116	22:10	原列甲/55
	22118	23:30	原列甲/55
	33302	0:05	站存甲/15，待取（货场）甲/5，33006 甲/25，装甲/10
丙方向	22119	18:45	原列丁/55
	22121	20:35	原列丁/55
	33001	21:20	站存丙/30，待取（货场）丙/5，存空/C15，待取（机务段）/空 C5
	22123	22:45	原列丁/55
	44141	23:45	站存乙—丙/35，33305 乙—丙/10，卸空（货场）/P10

七、24:00 前装卸车计划

24:00 前装卸车计划见表4–5。

表 4–5　24:00 前装卸车计划

卸车计划				装车计划				
卸车地点	车种车数	车辆来源	卸后用途	装车地点	车种车数	车辆来源	装车去向	挂运车次
货场	P10	上班待送	44141 排	货场	C10	上班结存	甲	33302
	C10	33006 到达	卸后装					
	C15	33305 到达						

要求：

利用乙站技术作业图表编制 18:01—0:00 的阶段计划。

八、实施步骤

（一）初步安排乙站调机的解编作业

根据车站班计划规定及变化后的实际情况，确定本阶段解体、编组任务，并根据作业过程及作业时间标准，确定需解体的列车允许解体的最早时间，以及编组始发列车为保证正点出发的最晚编组时间，对调机的解体、编组顺序及起止时间进行初步安排。

根据乙站作业时间标准可知：列车到达后需办理完到达作业方可解体，即到达后至少 35 min 才能解体；列车出发前必须经过编组作业和出发作业才可发出，即摘挂列车最晚在出发前 1 h（35 min+25 min）编组，而区段列车则最晚在出发前 55 min（30 min+25 min）编组。

综上所述，乙站 18:01—0:00 间调机解体和编组作业起止时间如表 4–6 所示。

表 4–6　乙站 18:01—0:00 间调机解体和编组作业起止时间

需解体的列车车次	到达时间	允许解体的最早时间	解体作业起止时间	
33006	18:35	19:10	19:10—19:40	
33305	20:50	21:25	21:25—21:55	
44144	23:40	0:15	0:15—0:45	
需编组的列车车次	出发时间	最晚必须编组的时间	编组作业起止时间	编 组 内 容
33001	21:20	20:25	20:25—20:55	站存丙/30，货场上班待取丙/5，站存空/C15，机务段上班待取空/C5
44162	21:50	20:50	20:50—21:25	站存乙—甲/25，货场上班待取乙—甲/5，33006 乙—甲/20
44141	23:45	22:45	22:45—23:20	站存乙—丙/35，33305 乙—丙/10，货场卸空/P10
33302	0:05	23:10	23:10—23:40	站存甲/15，货场上班待取甲/5，33006/25，货场装甲/10
调机交接班		30 min（20:00—21:00 间）		

调机工作顺序及起止时间初步安排如图4-9所示。

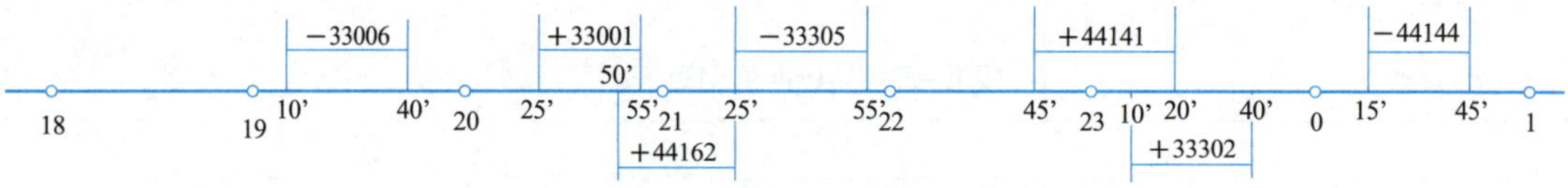

图4-9　调机工作顺序及起止时间初步安排

（二）根据条件对调机作业进行调整

因为车站只配备了一台调机，不能同时进行两项作业，通过检查可知图4-9中编组33001和编组44162、编组44141和编组33302两处调机同时进行了两项作业，因此应进行调整。调整时解体作业的时间可往后延但不能提前，编组作业的时间可往前提但不能往后延，因此将编组33001和编组44141的时间提前，但要注意提前编组后还必须保证有空闲到发线供出发列车使用。

第一次调整后的调机作业安排如图4-10所示。

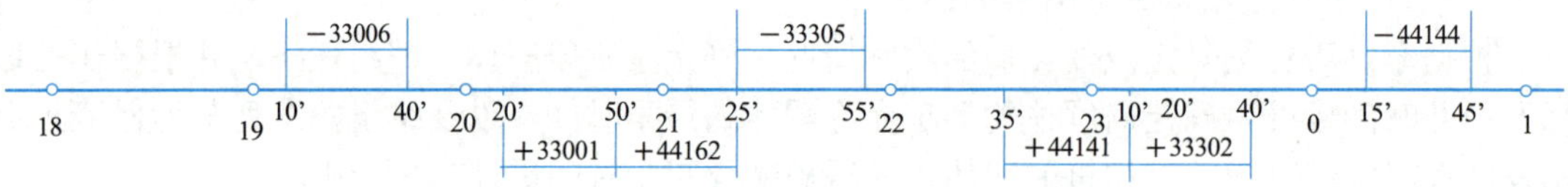

图4-10　第一次调整后的调机作业安排

（三）逐列落实编组出发列车的车流来源

当编组列车所需车流全部在调车线内集结后，方可开始进行编组。

（1）编组33001次需要的车流为站存30辆重车和15辆空敞车，这45辆车在18点时已在调车线集结到位；另外，货场18点前装完的5辆重车和机务段18点前卸完的5辆空敞车还没取回调车线，因此，在编组33001次之前必须安排调机去货场和机务段取车。

（2）编组44162次需要的车流为站存25辆，33006次解下的20辆，以及货场18点前装完的重车5辆，因此编组44162次前必须解完33006次，同时还要取回货场装完的5辆重车。

（3）编组44141次所需车流为站存35辆，33305次解下的10辆，以及货场卸空的10辆棚车（卸车来源为上班待送），因此编组44141次前必须解完33305次，同时还要将上班待送的10辆棚车及时送到货场，并在卸完后及时安排调机取回以满足编组需要。

（4）编组33302次所需车流为站存15辆，33006解完的25辆，货场18点前装完的重车5辆，以及货场18点后装完的10辆（装车的空车来源为上班结存），因此编组33302次前必须解完33006次，还必须将货场装完的重车15辆取回。

根据上述要求，安排调机的取送作业，取车时必须保证货车已装完或已卸完，此时落实车流来源后的调机作业安排如图4-11所示。

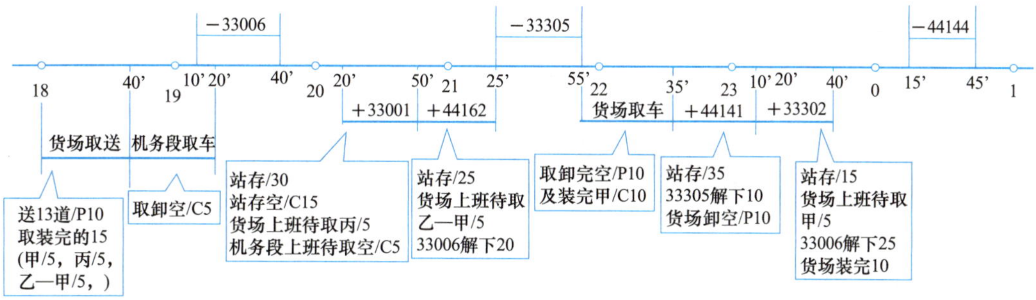

图 4－11　落实车流来源后的调机作业安排

（四）再次根据条件对调机作业进行调整

从图 4－11 中可看出，此时解体 33006 次与机务段取车作业同时进行，应将解体 33006 次的作业向后顺延；同时，经过这样的安排后，编组 33001 次的车流已落实，可将编组 33001 次的作业提前，并考虑交接班作业的需要。第二次调整后调机作业安排如图 4－12 所示。

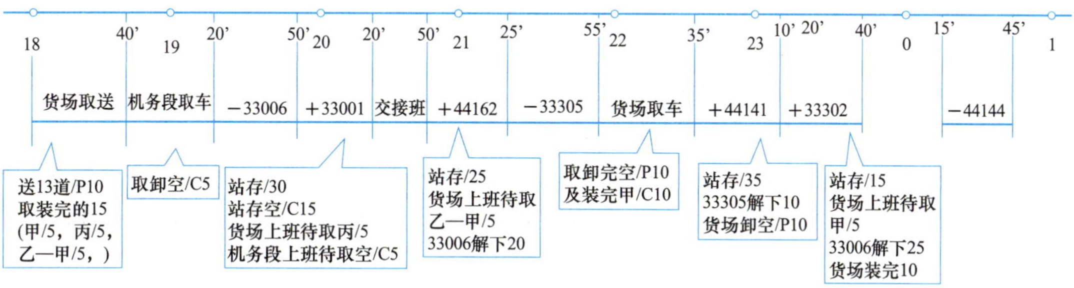

图 4－12　第二次调整后调机作业安排

（五）根据装卸排任务安排调机取送作业

除了围绕逐列落实出发列车车流的来源安排调机工作外，还要围绕保证完成装卸排计划规定的任务及时安排调机的取送工作。例如，按照装卸排任务的规定，上班待送货场卸的 10 辆车卸完后由 44141 次挂运，货场装完的 10 辆车由 33302 次挂运，因此必须及时安排调机进行取送，并且在取车时应保证车辆已作业完毕。经检查，在 21:55—22:35 调机货场送车时，在 13 道已有 33006 次解下的 20 辆和 33305 次解下的 15 辆需要送到货场进行作业，因此，本次作业既要取车也要送车，调整后的调机工作安排时间不变，但是作业内容发生了改变。

第三次调整后调机作业安排如图 4－13 所示。

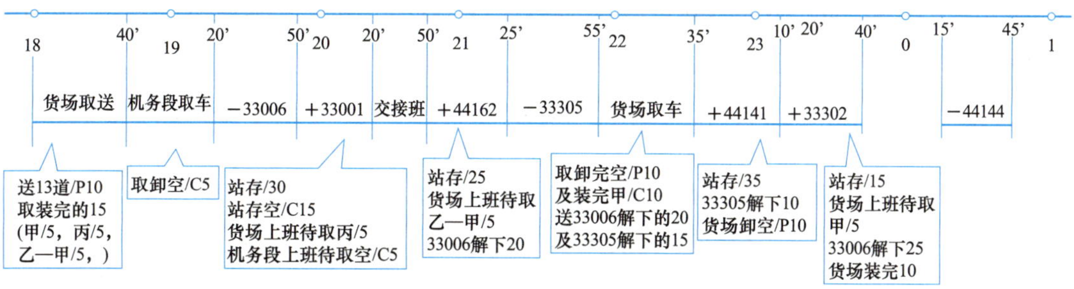

图 4－13　第三次调整后调机作业安排

（六）根据需要安排整场

当解体了几个列车后，有关调车线内的车数将会增加，由于车组与车组之间存在一定的距离（现场一般称为“天窗”），调车线的空余长度将会减少，可能会影响后续解体下来的车组停留，因此可根据现场的具体情况安排整场，其目的是消除调车线内的“天窗”。

安排整场后的调机作业安排如图 4–14 所示。

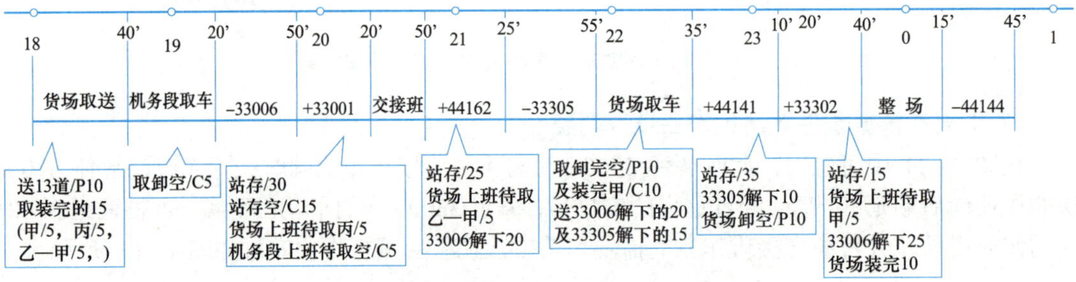

图 4–14　安排整场后的调机作业安排

调机运用计划是阶段计划的核心，编制调机运用计划可利用车站技术作业图表结合到发线使用情况同时进行编制，并按照车站技术作业图的填画规定进行填记。

不同的编制者根据同样的条件编制的阶段计划并不一定完全相同，例如，解体 33305 次与其后的货场取送车顺序可调换，而并不影响其他作业，因此，只要满足规定的条件，保证各项任务的完成即可。

任务 4.5　下达阶段计划

一、基本要求

（1）由车站调度员和车站值班员于阶段计划开始半小时前，将阶段计划和上级有关命令、指示、重点要求分别向有关工种人员布置下达。

（2）当列车到发、机车交路发生变化时，车站值班员通知车站调度员；车站助理调度员（调车区长）认真掌握调车机动态，分阶段向车站调度员汇报阶段计划的实施情况。车站调度员要随时检查、督促阶段计划的执行情况，掌握作业进度，按规定填画技术作业表，发现不能实施阶段计划时，及时调整。

（3）车站值班员向列检值班员、货检调度员、助理值班员、驻站机车调度员等有关人员布置到发列车车次、时分、站线顺序、线别和重点要求。

（4）下达阶段计划时，须将上级有关命令、指示、重点要求，一并向有关人员传达布置。

下达阶段计划界面如图 4–15 所示。

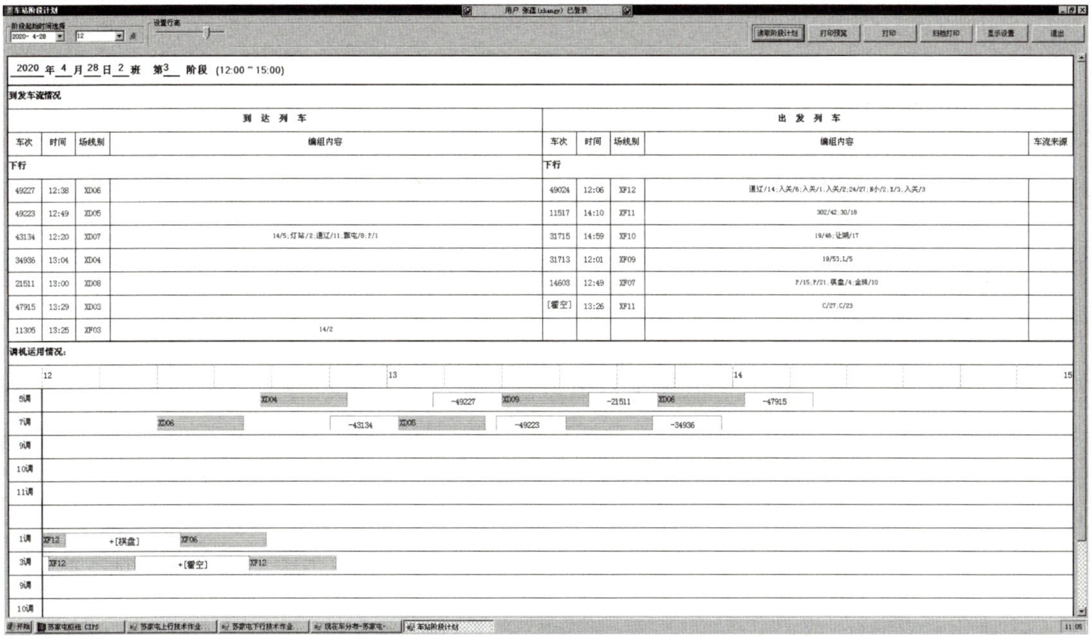

图 4-15　下达阶段计划界面

二、现在车系统故障时阶段计划编制、下达的办法

遇系统故障时，车站调度员利用车站技术作业表编制阶段计划，使用电话或口头向车站值班员、车站助理调度员（调车区长）、货运调度员、驻站机车调度员、车号长下达。车站调度员于阶段计划执行前 30 min，利用编组站信息管理系统向车站值班员、车站助理调度员（调车区长）、货运调度员、驻站机车调度员、货检调度员、车号长下达（各站根据具体情况在《车站行车工作细则》内规定）。某站《车站行车工作细则》相关规定如下。

（1）设有铁路现在车系统的车站，系统故障时班计划编制、下达的办法。

铁路现在车系统故障时，车站调度员电话抄收铁路局调度所下达的班计划。

（2）遇铁路现在车系统故障等原因导致现在车掌握不准确时，车站调度员不得盲目下达作业计划，必须通知货检员抄记线路现在车，并核对现在车正确后，方可进行调车作业。

（3）设有铁路现在车系统的车站，系统故障时现在车掌握办法如下。

铁路现在车系统故障时，货检员应核对现在车，人工抄收列车编组顺序表掌握现在车，车站调度员利用技术作业图表掌握现在车，有关人员应互相对掌握的现在车进行核对，确保现在车掌握的准确性。

三、下达阶段计划的具体内容

1. 向助理调度员（调车区长）或驼峰调车区长下达

（1）到发列车车次、时分、占用股道的先后顺序及起止时分。

（2）解体列车顺序、起止时分。

（3）编组列车顺序、起止时分、编组内容及车流来源。

（4）装卸、扣修、修竣、消毒、倒装、客车底等车辆的取送时间、地点、辆数。

（5）调车机整备计划、驼峰及牵出线作业安排。

2. 向货运调度员下达

（1）编挂本站作业车的车次、时分、货物品名、去向、车种、车数。

（2）到达本站卸车的重车数、卸车地点、货物品名、收货人。

（3）各货场、专用线作业车取送时间、辆数、装卸要求、挂运车次。

在一些装卸工作量较大、由货运调度员直接负责指挥调车机车取送作业的车站，上述内容应由货运调度员向有关作业地点的货运值班员（货运员）下达。

3. 向其他人员下达

（1）车站值班员向列检所值班员、机务段调度员传达和核对计划，向车场助理值班员、场（区）信号长（信号员）、扳道长等有关人员下达到发列车车次、时分、占线顺序和重点要求。

（2）车站值班员向客运值班主任（或客运值班员）和客运站列检值班员传达旅客列车晚点、变更进路和客车摘挂计划。

（3）车站调度员和车站值班员在向有关人员下达阶段计划的同时，应将上级有关命令、指示和重点要求一并传达。

4. 作业区接受阶段计划

各作业区接受阶段计划通常采用以下几种形式。

（1）如采用“车场技术作业表”的车站，各作业区应按规定将上述阶段计划的内容在本区技术作业表上用线段填画。

（2）如作业区未采用车场技术作业表，则应设立《阶段计划登记簿》。

（3）使用 CIPS 编组站综合自动化系统的车站，利用 CIPS 系统各工种的信息平台查询阶段计划内容，发现问题及时与车站调度员联系。

任务 4.6　组织、监督阶段计划执行

一、落实重点工作

（1）根据车站班计划重点提出落实措施，组织实施。

（2）及时接收调度命令、上级指示并按规定登记和向有关人员传达。

（3）重点列车组织、超限货物挂运、特种车辆调动、军事运输组织。

重点列车是指编挂军运、救灾、超限车辆的列车，有运行限制或机车车辆有编挂位置要求的列车及重载（超长）列车等。运行限制的重点是运行速度限制及运行径路（股道）限制。

（4）组织制订阶段计划，掌握机车、车流的接续情况，确定阶段接发列车、调车、施工、调度命令、重点运输（军运、专运、救灾物资）等运输重点工作。

（5）重点掌握倒装车、整理车、检修车、超限货物车、军用车辆、救灾物资、危险品、特种车等具有编挂及调动限制的车辆，尤其是临时产生调车作业限制的问题车辆。

（6）重点掌握摘挂车流、老牌车。

阶段计划执行界面如图 4-16、图 4-17 所示。

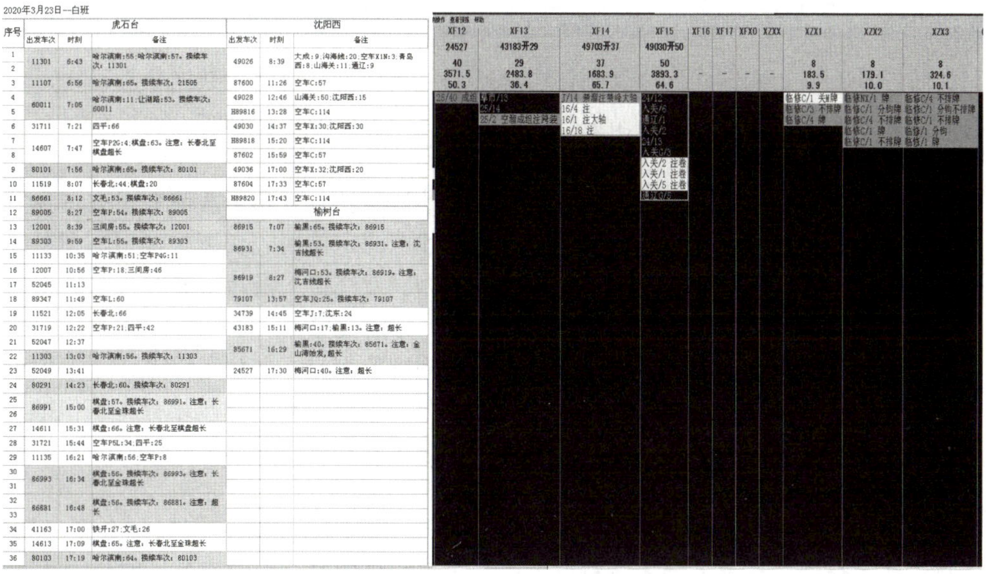

图 4－16　阶段计划执行界面 1

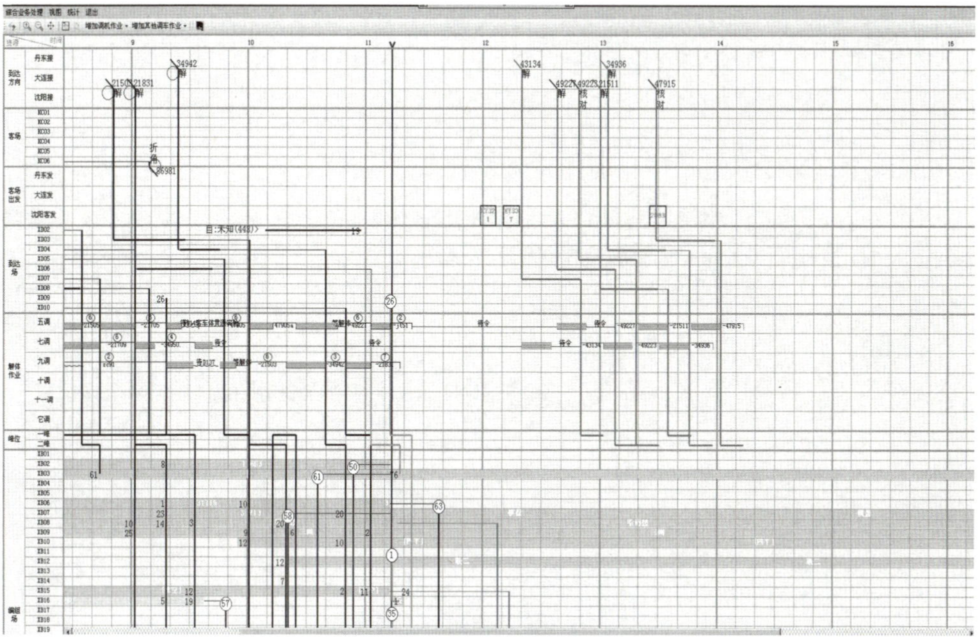

图 4－17　阶段计划执行界面 2

二、组织、监督阶段计划执行情况

（1）根据列车到发、技术作业过程、装卸车作业及调车机车作业进度调整阶段计划。

（2）按规定进行报告、联系。

（3）督促、组织调车区长（驼峰值班员）及相关作业人员执行阶段计划。

（4）按列车运行计划合理安排接发列车线路。

（5）协调站区有关部门、工种间的作业。

三、相关规定

（1）阶段计划中的到发线运用计划，由车站调度员和车站值班员共同负责确定，由车站值班员亲自掌握。车站调度员或车站值班员必须变更到发线使用计划时，须征得对方同意并在技术作业图表中作鲜明标记。

（2）车站调度员和车站值班员在确定列车到发线运用计划互相矛盾或变更列车到发线运用计划时，应由车站值班站长裁定。旅客列车到发线应固定使用。变更旅客列车到发线时，应通知客运组织部门；通过的旅客列车由正线变更为到发线接车及特快旅客列车遇特殊情况必须变更基本进路时，须取得铁路局调度员准许后，方能变更。

（3）阶段计划由车站调度员根据班计划和相关规则的规定，按列车编组计划、列车运行图，以及《铁路技术管理规程》、《行车组织规则》编组列车的规定、《车站行车工作细则》规定的列车占线程序、各项技术作业的时间标准和调车区的划分、调车机的作业分工，利用车站技术作业图表进行编制，值班站长负责审批。

（4）由车站调度员和车站值班员于阶段计划开始半小时前，将阶段计划和上级有关命令、指示、重点要求分别向有关工种人员布置下达。布置的具体专项内容由各铁路局自定。

项目 5

货车统计工作

任务 5.1　现在车统计

车站的运输工作应按计划进行，并根据具体情况对计划进行调整，在工作结束后还应对已完成的工作进行分析，为制订下一步的计划和开展下一步的工作提供依据，而分析则应在统计的基础上进行。因此，车站统计工作能反映和考核车站工作完成的实绩，作为组织运输生产、分析改进工作和加强经营管理的依据，也是铁路局和全路运输工作统计的基础。统计人员必须严格按《铁路货车统计规则》（简称《统规》）的有关规定，认真细致地工作，确保统计数字及时、准确和完整。

车站统计工作主要包括：现在车统计、装卸车统计和货车停留时间统计等内容。

《统规》中各种报表，均以北京时间为标准，采用 18 点结算制，即自昨日 18:00（不含）起至本日 18:00 止 24 h 为统计报告日。各种报表通过网络传输，逐级上报。

现在车统计是反映车站、铁路局管内，以及合资、地方铁路内每日 18 点货车现有数及运用情况，作为日常调度指挥，编制运输工作计划，调整运力配置及经营管理的依据。

车站每日 18 点通过《现在车报表》（运报–2）、《18 点现在重车去向报表》（运报–3）等向铁路局上报。《货车出入登记簿》是编制《现在车报表》《18 点现在重车去向报表》《非号码制货车停留时间登记簿》的主要依据。

一、现在车的分类方法

（一）按产权分

现在车按产权分为国铁货车、企业自备货车及内存货车、外国铁路货车。一次性过轨的内存货车和外国铁路货车比照企业自备货车进行统计。

1. 国铁货车

凡属国铁集团资产，涂有铁路路徽，按国铁集团统一规定涂打车型标记、编号的货车为国铁货车。

其中配属使用货车是指产权归国铁集团所有，配属给铁路局使用和管理的国铁货车；局管货车是指原产权归国铁集团所有，配属给铁路局自主使用和管理，产权同时划归铁路局的国铁货车。配属使用货车和局管货车根据国铁集团货车主管部门下发的配属、取消配属文电进行统计。

涂有铁路路徽，按国铁集团统一规定运用管理并涂打车型标记、编号的企业资产货车，统计为国铁货车。

2. 企业自备货车

凡属企业（包括铁路局，合资、地方铁路公司及其下属企业）资产并取得“自备铁路车辆经国家铁路过轨运输证”（以下简称“过轨运输证”）的货车称为企业自备货车。

企业自备货车是指车号左起第一位为“0”、第二位非“0”，车体标明“×××自备货车”、未涂有铁路路徽的货车。

军方特殊用途货车（车体标明客车基本记号者除外）比照企业自备货车办理。

3. 内存货车

内存货车是指属企业（控股或委托管理的合资、地方铁路公司及其下属企业）资产但未取得“过轨运输证”，仅在本企业内承担社会运输任务的货车。

4. 外国铁路货车

外国铁路货车是指属国外企业资产的铁路货车。

（二）按运用状况分

现在车按运用状况可分为运用车和非运用车。

二、运用车

运用车指参加铁路营业运输的国铁货车、企业自备货车、内存货车、外国铁路货车，企业租用车、军方特殊用途重车。

运用车分为重车和空车。

（一）重车

（1）实际装有货物并具有货物运单的货车。

（2）卸车作业未完的货车。

（3）倒装作业未卸完的货车。

（4）以“特殊货车及运送用具回送清单”（见表5–1）手续装载，整车回送铁路货车用具（国铁篷布、空集装箱及军用备品等）的货车。

表5–1　特殊货车及运送用具回送清单

<table>
<tr><td colspan="2">发　站</td><td colspan="2">到　站（局）</td><td>经　由</td></tr>
<tr><td colspan="2">车种车号</td><td colspan="2">铅封数</td><td>回送命令号码</td></tr>
<tr><td colspan="3">回送之货车或运送用具</td><td colspan="2">附　注</td></tr>
<tr><td>种　类</td><td>号　码</td><td>数　量</td><td colspan="2" rowspan="7"></td></tr>
<tr><td></td><td></td><td></td></tr>
<tr><td></td><td></td><td></td></tr>
<tr><td></td><td></td><td></td></tr>
<tr><td></td><td></td><td></td></tr>
<tr><td></td><td></td><td></td></tr>
<tr><td></td><td></td><td></td></tr>
<tr><td></td><td></td><td></td><td colspan="2" rowspan="4">发站日期戳　发站负责人签字
到站日期戳　到站负责人签字</td></tr>
<tr><td></td><td></td><td></td></tr>
<tr><td></td><td></td><td></td></tr>
<tr><td></td><td></td><td></td></tr>
</table>

（5）填制货物运单的游车。

（二）空车

（1）实际空闲的货车。

（2）装车作业未完的货车。

（3）倒装作业未装完的货车。

（4）运用状态下的机械冷藏车的工作车。

（5）循环快运列车中装载装卸工具的车辆。

三、非运用车

非运用车指不参加铁路营业运输的国铁货车（包括租出空车），在专用线、专用铁路内的已获得“过轨运输证”的企业自备货车，在站装卸作业企业自备空车，在本企业内的内存空车，军方特殊用途空车及国铁特种用途车。

非运用车包括：备用车、检修车、代客货车、路用车、洗罐车、整备罐车、租出空车、在企业内的企业自备货车、军方特殊用途空车及封存车共十种。

（一）备用车

备用车指为了完成临时紧急任务需要和减少阶段性闲置货车无效流动，所储备的技术状态良好的国铁空货车。

（1）备用货车分为特殊备用车、军用备用车、专用货车（包括罐车、冷藏车、集装箱车、矿石车、长大货物车、毒品车、汽车运输车、散装水泥车、散装粮食车和涂有“专用车”字样的一般货车）备用车，以及国境站、港口站备用车。

（2）备用车的备用、解除，必须经国铁集团备用车调度命令批准。

（3）备用车的备用和解除时间：根据国铁集团、铁路局当日调度命令批准，由车站调度员或值班员填写“运用车转变记录（运统 6）”并签字的时分起算。

货车转入备用时分不得早于：

① 车站收到调度命令的时分；

② 作业车卸车完了的时分；

③ 到达空车为列车到达技检完了的时分。

备用货车解除时分不得迟于：

① 排空时规定列车开始技检的时分；

② 装车时调入装车地点的时分。

（4）备用车须备满 48 h 但不得超过 3 个月。备用时间不满或无令动用时，自备用时起按运用车统计（因紧急任务需要，经国铁集团批准解除时，不受此项限制）。超过 3 个月未解备，自超过时起按运用车统计。

（5）备用车必须停放在铁路局批准的备用基地内。国境站、港口站备用车必须停放在指定的国境站、港口站。凡未停放在指定地点的均不准统计为备用车。

（6）备用车在不同基地间不得转移。根据命令在同一备用基地内转移时，备用时间不连续计算，原存放站及新存放站均需备满规定时间。

（7）不准将重车、租出空车列入备用车。

（8）违反规定动用备用车时，必须调整运用车数和货车停留时间。

（二）检修车

定检到期或过期而扣下修理、摘车临修、事故破损、等待报废和回送检修等的国铁货车、企业自备货车，根据车辆部门填发的“车辆检修通知单（车统 23）”（见表 5–2）或“检修车回送单（车统 26）”（见表 5–3）统计为检修车。

表 5–2　车辆检修通知单（车统 23）

车辆检修通知单

第____号

送交_____站　　　　　年___月___日

车次_______ 车辆停留在_____场______线

1. 车种车型 _____　车号 ________

2. 轴数_____　载重______　空重别______

3. 重车之装车站及局别 ______　到达站______　货物品名______

4. 前回定检时间及处所：厂修 ________　段修______

辅修 ________　轴检______

5. 主要损坏部分___________

6. 修程________　需要倒装否______

7. 拨往何处修理________

8. ______ 所 ________（检车员签章）

9. 车站值班员签字时间 ____年___月___日___时____分

10. 车站值班员签章 ______

11. 拨到检修线时间____年___月___日___时____分

12. 收车人签章______

表 5–3　检修车回送单（车统 26）

检修车回送单（车统26）　第　　号

车种____车号_____ 轴数 _____

发送局及站________________________________

到达局及站（车辆段或工厂所在站）______________

经由分界站名_____车辆应挂在列车中部或尾部_________

前回检修时间、处所及修程_____________________

不 良 部 位______________________________

填发日期　　　　　年　月　日　时　分

车辆段印　段长_______签字

车辆到达工厂或车辆段所在站的时间　年　月　日　时　分

车站值班员 ______签字

车辆送到检修线的时间　　年　月　日　时　分

收车人 _______签字

修竣的车辆由车辆段或车辆厂填发“检修车辆竣工验收移交记录（车统 33 并车统 36）”（见表 5-4）作为修竣的依据，车站在“检修车辆竣工验收移交记录（车统 33 并车统 36）”上签字时起转入运用车。

（1）定检到期或过期而扣下修理、摘车临修、事故破损、等待报废和回送检修等的铁路货车，根据国铁集团车辆部门填发的“车辆检修通知单（车统 23）”或“检修车回送单（车统 26）”统计为检修车。

（2）在铁路营业线上的外国铁路货车在运行过程中临时发生故障而摘车临修时，按检修车统计。

（3）成组运行的铁路货车，发生故障需要扣留时，应逐辆填发“车辆检修通知单（车统 23）”，按检修车统计。修竣后，对未施修的车辆，在“检修车辆竣工验收移交记录（车统 33 并车统 36）”中注明“撤销”字样。

（4）整备罐车超过整备规定时间（6 h）继续整备时，从超过时起按检修车统计。

表 5-4　检修车辆竣工验收移交记录（车统 33 并车统 36）

检修车辆竣工验收移交记录

（单位名称）　　　　　　　　　　　　　　　　　　　　　　　　第____号

以下_____修程的车辆已检修竣工，并经国铁集团（铁路局）驻_________车辆验收室验收，确认技术状态合格，可交付使用。兹将下列检修竣工车辆由 __________ 移交给____局_______站

顺号	车种车型	车号	更改项目			加改项目			加价项目			减价项目		配属局段	指定到达局名及站名	备注
1																
2																
3																

本页小计：____ 辆

（单位名称）代表盖章：______　　日期：_____年___月 ___日（产品验收专用章）

国铁集团（铁路局）驻 ______车辆验收室代表盖章　　日期：_____年____月____日

接收人：____局 ______ 站代表盖章：____　　日期：_____年____月____日

客货车配属局（段）代表盖章：　　日期：_____年____月____日

（三）代客货车

根据调度命令用以运送人员、行李及包裹的货车。

车站接到命令后，由车站和检车员在“运用车转变记录（运统 6）”上签字时起转入“代客”，使用完了（指卸空，包括备品）时，填制“运用车转变记录（运统 6）”转回运用车。代客空车根据调度命令以客运车次回送时，按代客统计；以货运车次回送时，按挂运凭证（回送清单、调度命令等）实际统计，无挂运凭证按运用车统计。

“代客货车”装载货物填制货物运单时，自代客或回送到达时起按运用车统计。

（四）路用车

路用车为国铁集团批准作为铁路各单位运送非营业运输物资或用于特殊用途的货车。其分为特种用途车和其他路用车。

特种用途车指因为路内特殊用途需要专门制造不能装运货物的特种用途车（包括试验车、发电车、轨道检查车、检衡车、除雪车等）。

上述车辆以外的路用车为其他路用车。

（1）经国铁集团批准的“路用车使用证明书”是统计路用车的依据。使用单位应按规定涂打路用车使用标记。路用车只准在批准的使用期限、区段和用途的范围内使用，对违反使用规定的路用车，按运用车统计。

（2）路用车的转变时分自使用单位收到车辆并在“运用车转变记录（运统6）”上签字时起，至使用完了交回车辆并填制“运用车转变记录（运统6）”转回运用车时止按路用车统计。

（3）路用车装运货物并填制货物运单时，在重车状态下按运用车办理。

（4）防洪备料车：根据国铁集团（铁路局）命令为汛期防洪抢险储备一定数量防洪备料的重车，在重车储备停留状态下按路用车统计，其他状态按运用车统计。

（五）洗罐车

洗罐车指准备进行清洗的良好罐车。

由洗罐单位填制“车辆装备单（车统24）”（见表5–5）送交车站签字时起统计为洗罐车；洗刷完了，由车站人员在“罐车洗刷交接记录单（车统89）”（见表5–6）上签字时起转回运用车；企业自备车发生洗罐时，洗罐单位一律填发“企业自备车装备单（车统24Q）”统计为洗罐车，洗刷完了填发“企业自备车洗刷交接记录单（车统89Q）”转回运用车。

为进行检修而洗罐时，应列入检修车。

由企业自行洗罐不能执行上述办法时，由铁路局规定平均洗罐时间（最长不能超过4 h），自货车送入洗罐交接地点起至规定时间止按洗罐车统计。

表5–5 车辆装备单（车统24）

车辆装备单 （车统24）

安装事项 ______________ 第 _____ 号

指定送往 ________ 线

车 种	车 号	车 辆 所 在 地 点

通知送入指定线 月 日 时 分

实 际 送 入 月 日 时 分

收到单据的车站值班员签字 ______________

检 车 员 签 字 ____________

编 制 人 签 字 ____________

表 5-6　罐车洗刷交接记录单（车统 89）

罐车洗刷交接记录单　（车统89）

年　　月　　日　　第　　　号

车种	车号	专用种别	轴数	载重吨位	原装油名称	采取的洗罐方法	洗罐后指定装油名称	洗罐时分					
								入线			竣工		
								月	日	时分	月	日	时分

上项罐车已经洗刷完了并经验收合格

交车人　　　洗罐站职名　　　姓名　　　签字

验车人部门　　　职名　　　姓名　　　签字

车站值班员签收　　　月　　日　　时　　分　　　签字

（六）整备罐车

整备罐车为在指定地点进行技术整备的整列（成组）固定编组石油直达罐车。在到达整备站时，按运用车统计；送入配属段整备线进行技术整备时，根据车辆部门填发的“车辆装备单（车统 24）”送交车站签字时起 6 h 内按整备罐车统计。超过 6 h 车辆部门应填发“车辆检修通知单（车统 23）”按检修车统计。整备完了由车站在“检修车辆竣工验收移交记录（车统 33 并车统 36）”上签认时起转回运用车。如固定编组石油直达罐车更换车辆时，须由车辆部门及时通知车站。

（七）租出空车

租出空车包括以下车型。

（1）企业租用的国铁空货车。

（2）新造及由国外购置的货车在交付使用前的试运转空车。

（3）部队训练使用的国铁货车。

① 使用停留车辆训练，按轴、按日核收使用费时，由交付使用时起至使用完了交回时止，按企业租用空车统计。

② 在训练期间随同列车挂运核收 80%运费时，自列车出发时起至到达时止，对装运物资的货车按运用车统计，运送人员的棚车按“代客”统计。

③ 用铁路机车单独挂运核收机车使用费时，按企业租用空车统计。

④ 出租车及退租车由车站与使用单位在“运用车转变记录”上签字时起转入企业租用车或转回运用车。

（八）在企业内的企业自备货车

在企业内的企业自备货车指在企业专用线、专用铁路内的已取得“过轨运输证”的该企业自备货车，包括没有（租用）专用线、专用铁路的企业回到过轨站的自备空车及在车站进行装卸作业的自备空车。

企业自备车运用与非运用转变时分的确定：对出入企业专用线、专用铁路的企业自备车，以将车辆送到交接地点时分为准；在站（包括过轨站）进行装卸作业的企业自备车，以装卸作业完了时分为准（到达过轨站、装卸作业站的空车自到达时分起转为非运用车）。内存货车以装卸作业完了时分为准。

（九）军方特殊用途空车

军方特殊用途空车指军方用于军事运输等特殊用途的空货车（车体基本记号标明为客车的除外）。

（十）封存车

封存车指按国铁集团调度命令封存的货车。

四、《货车出入登记簿》（运统 4）

《货车出入登记簿》（运统 4）是分界站、技术站及大量装卸站登记货车出入情况，作为编制《分界站货车出入报表》（运报-1）、《现在车报表》（运报-2）及《非号码制货车停留时间登记簿》（运统 9）的资料。

《货车出入登记簿》的填记依据及方法如下。

（1）方向栏：分列车到发方向按出入时分顺序填记。

（2）车次栏：填记到发列车的车次，对不随同列车出入的货车填记出入的种别，如“新造车”“企业自备车”等。

（3）到发时分栏：根据“行车日志（运统 2、运统 3）”填记，不随同列车出入的货车，则根据各自规定的出入时分填记。

（4）出、入的货车：凡计算车站出、入的货车，均填记在各有关栏内。

（5）专业运输公司租用车：根据到、发列车中各专业运输公司租用车合计及租用作业转变的情况填入，作为填记“专业运输公司租用货车报表（运报-2ZY）”的资料。

（6）标准换算小时栏：将货车出（入）的实际分钟数，换算成十进位小时数填记在本栏内，各站可采用 1 h、3 h、6 h 等不同结算制的办法填记。

将货车出（入）的实际分钟数换算成十进位的小时数，有正算法和逆算法两种。

正算法：

$$\text{十进位标准换算小时}=\frac{\text{本统计阶段开始至货车出（入）时刻的分钟数}}{60}$$

逆算法：

$$\text{十进位标准换算小时}=\frac{\text{货车出（入）时刻至本统计阶段末的分钟数}}{60}$$

假设某货车 19:20 出（入），以 1 小时结算制为例，统计阶段为 19:01—20:00，其正算法的标准换算小时为：20÷60=0.3；而逆算法标准换算小时为：40÷60=0.7。

若为 3 小时结算制，统计阶段为 18:01—21:00，则其正算法标准换算小时为：80÷60=1.3；而逆算法标准换算小时为：100÷60=1.7。

若为 6 小时结算制，统计阶段为 18:01—0:00，则其正算法标准换算小时为：80÷60=1.3；而逆算法标准换算小时为：280÷60=4.7。

1 小时结算制的正算法和逆算法的十进位标准换算小时可直接查表 5–7 和表 5–8 确定。

表 5–7　正算法十进位小时换算表

实际分数	1～2	3～8	9～14	15～20	21～26	27～32	33～38	39～44	45～50	51～56	57～60
十进位小时	0	0.1	0.2	0.3	0.4	0.5	0.6	0.7	0.8	0.9	1.0

表 5–8　逆算法十进位小时换算表

实际分数	1～3	4～9	10～15	16～21	22～27	28～33	34～39	40～45	46～51	52～57	58～60
十进位小时	1.0	0.9	0.8	0.7	0.6	0.5	0.4	0.3	0.2	0.1	0

目前我国铁路规定统计时采用逆算法进行计算。

（7）换算车小时栏：以第 4 栏的标准换算小时分别乘以 5、7、9、11、13 栏对应的车数，即分别为 6、8、10、12、14 栏的换算车小时数，且 6 栏=8 栏+10 栏+12 栏+14 栏。

每日 18 点终了时，应将本日入、出的各项分别加总，并分出其中随同列车的入、出，以及各种不随同列车的入、出合计数，作为填报《现在车报表》（运报–2）的依据。

《货车出入登记簿》（运统 4）见表 5–9，《非号码制货车停留时间登记簿》（运统 9）见表 5–10。

表 5–9　《货车出入登记簿》（运统 4）

入　　（出）																	
运　用　重　车																	
计	棚车	敞车	普通平车	两用平车	轻油罐车	粘油罐车	其他罐车	冷藏车	集装箱车	矿石车	长大货物车	毒品车	家畜车	散装水泥车	散装粮食车	特种车	其他
15	16	17	18	19	20	21	22	23	24	25	26	27	28	29	30	31	32

入　　（出）																	
运　用　空　车																	
计	棚车	敞车	普通平车	两用平车	轻油罐车	粘油罐车	其他罐车	冷藏车	集装箱车	矿石车	长大货物车	毒品车	家畜车	散装水泥车	散装粮食车	特种车	其他
33	34	35	36	37	38	39	40	41	42	43	44	45	46	47	48	49	50

入　　（出）																		专业运输公司租用车				记事
非运用车																						
计	棚车	敞车	普通平车	两用平车	轻油罐车	粘油罐车	其他罐车	冷藏车	集装箱车	矿石车	长大货物车	毒品车	家畜车	散装水泥车	散装粮食车	特种车	其他	集装箱公司	特货公司	特租集公司	快运公司	
51	52	53	54	55	56	57	58	59	60	61	62	63	64	65	66	67	68	69	70	71	72	73

表 5-10 《非号码制货车停留时间登记簿》(运统 9)

项目 每小时合计	货车出入总数						其中															
	到达		发出		结存	停留时间	货物作业车										无调中转				结存	停留时间
							入				出				结存	停留时间	到达		发出			
							到达		转入		发出		转出									
	车数	换算小时	车数	换算小时			车数	换算小时	车数	换算小时	车数	换算小时	车数	换算小时			车数	换算小时	车数	换算小时		
1	2	3	4	5	6	7	8	9	10	11	12	13	14	15	16	17	18	19	20	21	22	23
昨日结存																						

其中																				记事
有调中转										非运用车										
入				出				结存	停留时间	入				出				结存	停留时间	
到达		转入		发出		转出				到达		转入		发出		转出				
车数	换算小时	车数	换算小时	车数	换算小时	车数	换算小时			车数	换算小时	车数	换算小时	车数	换算小时	车数	换算小时			
24	25	26	27	28	29	30	31	32	33	34	35	36	37	38	39	40	41	42	43	44

任务 5.2 装卸车统计

装卸车统计反映铁路完成的货车装卸作业和货运量情况，据以考核经营业绩，为改善运输组织，改进货物运输工作提供统计信息和资料。

一、装车数的统计方法

凡在铁路货运营业站承运并填制货物运单，以运用车运送货物的装车，均统计为装车数。

（一）整车货物

（1）由营业站承运的装车。

（2）港口站的装车及不同轨距联轨站换装货物的装车。

（3）填制货物运单的游车。

（4）填制货物运单免费回送货主的货车用具和加固材料的整车装车。

（5）按 80%核收运费的企业自备车、企业租用车和路用车的装车（按轴公里计费的除外）。

（6）填制货物运单核收运费的站内搬运的装车。

（二）整装零担及零散快运货物

（1）在装车站装载的一站直达整零的装车或在装车站装载自站发送货物占全部货物重量

一半及以上的装车；

（2）按照列车编组计划或以调度命令指定挂运的零散货物快运车辆，在装车站装载自站发送货物（超过 10 t 为标准）占全部货物一半及以上，统计为“零快”装车数。

（三）集装箱货物

整车集装箱在装车站装载自站发送集装箱其换算箱数占全部换算箱数一半及以上的装车。

注：各类型集装箱换算箱数按“集装箱技术参数表”的规定计算，下同。

（四）铁路局，合资、地方铁路装车数的计算

1. 铁路局

在铁路局车站自站的装车（包括在铁路局分界站、接轨站制票运往合资、地方铁路的装车）统计为承运装车数。

由非委托运营管理的非控股合资、地方铁路，国境接入并填制有货物运单的重车或换装货物的装车（不包括通过合资、地方铁路运输的重车及到达分界站或接轨站卸车的重车）统计为交接装车数。

2. 合资铁路

（1）管内装车数（包括装往铁路局分界站、接轨站卸车的装车）。

① 国铁货车。

使用国铁货车在本合资铁路管内自装自卸所产生的装车。

② 企业自备货车。

使用企业自备货车在本合资铁路管内自装自卸所产生的装车。

③ 内存货车。

使用内存货车，并填制正式铁路货物运单或地方税务部门监制的票据，在本合资铁路管内自装自卸所产生的装车。

（2）输出装车数。

与全路办理一票直通货物运输的合资铁路自管内装往铁路局或其他合资、地方铁路所产生的装车。

3. 地方铁路

（1）管内装车数（包括装往铁路局、合资铁路分界站或接轨站卸车的装车）。

① 国铁货车。

使用国铁货车在本地方铁路管内自装自卸所产生的装车。

② 企业自备货车。

使用企业自备货车在本地方铁路管内自装自卸所产生的装车。

③ 内存货车。

使用内存货车，并填制正式铁路货物运单或地方税务部门监制的票据，在本地方铁路管内自装自卸所产生的装车。

（2）输出装车数。

与全路办理一票直通货物运输的地方铁路自管内装往铁路局或其他合资、地方铁路所产生的装车。

（3）交接装车数。

由铁路局、合资铁路或其他地方铁路接入或通过并填制货物运单的重车统计为交接装车数。

二、卸车数

凡填制货物运单以运用车运送，到达铁路货运营业站的卸车，均统计为卸车数。

（一）整车货物

（1）到达营业站的卸车。

（2）港口站的卸车及不同轨距联轨站换装货物的卸车。

（3）填制货物运单的游车。

（4）填制货物运单免费回送货主的货车用具和加固材料的整车卸车。

（5）按 80%核收运费的企业自备车、企业租用车和路用车的卸车（按轴公里计费的除外）。

（6）填制货物运单，核收运费的站内搬运的卸车。

（二）整装零担及零散快运货物

（1）在终到站到达的一站直达整零的卸车或在终到站到达自站货物占全部货物重量一半及以上的卸车。

（2）按照列车编组计划或以调度命令指定挂运的零散货物快运车辆，在卸车站到达自站货物（以超过 10 t 为标准）占全部货物一半及以上，统计为“零快”卸车数。

（三）集装箱货物

整车集装箱在终到站到达自站集装箱其换算箱数占全部换算箱数一半及以上的卸车。

（四）铁路局，合资、地方铁路卸车数的计算

1. 铁路局

在铁路局营业站的卸车，包括由合资、地方铁路接入到达分界站（接轨站）的卸车。

2. 合资铁路

（1）管内卸车数（不包括管内装车到达铁路局分界站或接轨站的卸车）。

① 国铁货车。

使用国铁货车在本合资铁路管内自装自卸所产生的卸车。

② 企业自备货车。

使用企业自备货车在本合资铁路管内自装自卸所产生的卸车。

③ 内存货车。

使用内存货车并填制正式铁路货物运单或地方税务部门监制的票据，在本合资铁路管内自装自卸所产生的卸车。

（2）输入卸车数。

由铁路局或其他合资铁路、地方铁路与本合资铁路办理一票直通货物运输的重车到达本合资铁路管内的卸车。

3. 地方铁路

（1）管内卸车（不包括管内装车到达铁路局、合资铁路分界站或接轨站的卸车）。

① 国铁货车。

使用国铁货车在本地方铁路管内自装自卸所产生的卸车。

② 企业自备货车。

使用企业自备货车在本地方铁路管内自装自卸所产生的卸车。

③ 内存货车。

使用内存货车并填制正式铁路货物运单或地方税务部门监制的票据，在本地方铁路管内自装自卸所产生的卸车。

（2）输入卸车数。

由铁路局或其他合资、地方铁路与本地方铁路办理一票直通货物运输的重车到达本地方铁路管内的卸车。

（五）待卸车数

凡到达铁路营业站的重车在本统计报告日内实际尚未卸完的，均统计为待卸车数。

三、增加使用车和增加卸空车的计算

增加使用车、增加卸空车为车站因装卸中转零担货物、零散快运货物、铁路货车用具，或货物倒装等而使用或卸空的车辆。除以下规定外，一律不得统计为增加使用车和增加卸空车。

（1）整装零担车。

① 在装车站装载中转货物超过全部货物重量一半的装车按增加使用车计算。

② 在终到站到达中转货物超过全部货物重量一半的卸车按增加卸空车计算。

（2）零散快运车。

① 按照列车编组计划或以调度命令指定挂运的零散货物快运车辆，在装车站装载中转货物（以超过 10 t 为标准）占全部货物重量一半以上，统计为增加使用车数。

② 按照列车编组计划或以调度命令指定挂运的零散货物快运车辆，在卸车站到达中转货物（以超过 10 t 为标准）占全部货物重量一半以上，统计为增加卸空车数。

（3）集装箱车。

① 在装车站装载中转集装箱，其换算箱数超过全部换算箱数一半的装车按增加使用车计算。

② 在终到站到达中转集装箱，其换算箱数超过全部换算箱数一半的卸车按增加卸空车计算。

（4）铁路货车用具。

整车装运铁路货车用具（篷布、空集装箱及军用备品等）的装卸按增加使用车或增加卸空车计算。

（5）倒装作业。

运用重车在运送途中发生倒装作业（不包括装载整理）的计算。

① 一车倒装两车时计算增加使用车一辆，两车倒装一车时计算增加卸空车一辆。

② 当日卸车后不能当日装车时，当日计算增加卸空车一辆，再装车时可再计算增加使用车一辆。

③ 当日一车倒装一车时不计算增加使用车数和增加卸空车数。

四、装卸作业次数的计算

装卸作业次数为车站在一定时期内所完成的装车、卸车作业及其他货车作业的总次数。

（1）凡计算装卸车数的均计算作业次数。

（2）货物倒装车、整车装卸铁路货车用具和按增加使用及增加卸空车计算的整装零担车、零散快运车、整装集装箱，均按实际作业车数计算作业次数。整车货物倒装全部卸空后，由原车装运时，按两次作业计算。

（3）零散快运装卸作业车数的计算。

① 在运送途中站摘下进行装卸作业，随另一列车挂出时，按一次作业计算。

② 运送途中的编组站、区段站进行装卸作业时，按实际作业车数计算作业次数。

五、待卸车数

凡到达铁路营业站的重车在本统计报告日内实际尚未卸完的，均统计为待卸车数。

六、不计算装卸车数和作业次数的货车

不计算装卸车数和作业次数的货车。

（1）各种非运用车的装卸（按一般货运手续办理的装车应转为运用车）。

（2）变更到站的重车。

（3）不论是否摘下而进行货物装载整理的货车。

（4）在本企业专用线内或不经过铁路营业线的两个企业间搬运货物的装卸。

七、装卸作业完了时分的确定

（1）国铁货车装卸作业完了时分的确定。

① 在站线上或按规定以铁路机车取送（或牵引）在专用线内的装车，以装车作业完了填妥货物运单（整装零担车、零散快运车、整装集装箱车为填制“货车装载清单”）的时分为准；卸车以卸车作业完了时分为准。

② 按规定以企业机车取送在企业专用线内的装车，以装车作业完了将货车送到双方指定交接地点，交接完了并填妥货物运单时分为准；卸车以卸车作业完了将货车送到交接地点，交接完了的时分为准；双重作业车以装车作业完了送到交接地点填妥货物运单时分作为装卸车完了时分（能确定卸车完了时分的车站，可由铁路局规定采用卸车作业完了时分）。

③ 零散快运车在始发站或终到站不进入装卸线作业时，装车以列车发出时分为准，卸车以列车到达时分为准。

（2）企业自备货车、企业租用车及内存货车装卸作业完了时分的确定。

① 装车：以装车作业完了并填妥货物运单时分为准，有规定交接地点时须以到达交接地点时分为准。

② 卸车：以卸车作业完了时分为准，有规定交接地点时须以到达交接地点时分为准。

（3）按 80%核收运费的路用车装卸作业完了时分的确定。

比照企业自备货车、企业租用车及内存货车装卸作业完了时分确定。

（4）在国境分界站不进行倒装的货车，装车以交接完了并填妥货物运单时分为准，卸车

以交出时分为准；倒装货车的装卸，以倒装作业完了时分为准（装车须填妥货物运单）。

（5）在口岸站、不同轨距联轨站倒装的货车，装车以装车作业完了填妥货物运单时分为准，卸车以卸车作业完了时分为准。

（6）交接装车时分与现在车确认时分一致。

任务5.3 货车停留时间统计

货车停留时间统计反映运用车的货物作业和中转停留时间完成情况，作为检查、分析、改善车站的运输组织工作，提高货车使用效率的依据。

凡计算车站出入的运用车，由到达、转入或加入时起至发出、转出或退出时止的全部停留时间（不包括其中转入非运用车的停留时间）均应统计为停留时间，但中间站利用列车停站时间进行装卸（循环快运货物列车挂运的零快货车及沿途零担车除外），装卸完了仍随原列车继续运行时，只计算作业次数不计算停留时间。

一、货车停留时间分类

货车停留时间按作业性质，分为货物作业停留时间和中转停留时间。

（1）货物作业停留时间：为运用车在站线（包括区间，下同）、专用线（包括路产专用线，下同）及专用铁路内进行装卸、倒装作业所停留的时间。

货物作业停留时间作业过程如下。

① 入线前停留时间：由货车到达时起至送到装卸地点时止，以及双重作业货车由卸车完了时起至送到另一装车地点时止的时间。

② 站线作业停留时间：由货车送到装卸地点时起至装卸作业完了时止的时间。

③ 专用线作业停留时间：由货车送到装卸地点时起至装卸作业完了时止的时间。如规定以企业自备机车取送车辆时，以双方将货车送到规定地点的时分计算。

④ 出线后停留时间：由货车装卸作业完了时起至发出时止的时间。

（2）中转停留时间：为货车在车站进行解体、改编、中转技术作业及其他中转作业（包括变更到站、装载整理及仅办理洗刷消毒的货车，按规定进行洗罐的罐车除外）所停留的时间。计算中转停留时间的货车应为本站计算出入的货车。

计算中转停留时间的货车有以下两种。

① 无调中转货车。

a）在编组站或区段站原列到开的列车上的货车（摘走的车辆除外）。

b）在编组站或区段站进行补、减轴调车作业的原中转列车上的货车（补、减轴的车辆除外）。

c）停运列车上的货车。

d）在中间站进行拆组或组合的长大重载列车上的货车。

② 有调中转货车。

凡不符合上述无调中转作业条件的中转货车均按有调中转货车统计。

（3）在中间站产生下列中转作业时必须统计中转停留时间（不论是否有中转停留时间指

标计划)。

① 停运列车上的货车。

② 列车在中间站折返原方向所挂的不属于本站办理装卸作业的货车。

③ 不是本站装卸作业而摘下的货车。

二、货车停留时间的计算

1. 一次货物作业平均停留时间($t_{货}$)

$$t_{货}=\frac{统计阶段内本站货物作业车总停留车小时}{统计阶段内完成的货物作业总次数}$$

2. 有调中转车平均停留时间($t_{有}$)

$$t_{有}=\frac{统计阶段内本站有调中转车总停留车小时}{统计阶段内完成的有调中转车总数}$$

3. 无调中转车平均停留时间($t_{无}$)

$$t_{无}=\frac{统计阶段内无调中转车总停留车小时}{统计阶段内无调中转车总数}$$

4. 中转车平均停留时间($t_{中}$)

$$t_{中}=\frac{统计阶段内无调中转车及有调中转车的总停留车小时之和}{统计阶段内无调中转车及有调中转车总数}$$

计算的平均停留时间保留一位小数,第二位小数四舍五入。

三、货车停留时间统计方法

货车停留时间的统计方法有号码制和非号码制两种。

货车停留时间的计算方法如下。

(1)一次货物作业平均停留时间($t_{货}$)。

$$t_{货}=\frac{\sum Nt_{货车}}{U_{装}+U_{卸}}$$

式中:$\sum Nt_{货车}$——本站货物作业车总停留车小时;

$U_{装}$、$U_{卸}$——装、卸作业次数。

一次货物作业平均停留时间($t_{货}$)可用号码制方法进行统计。

(2)中转车平均停留时间($t_{中}$)。

$$t_{中}=\frac{\sum Nt_{无调}+\sum Nt_{有调}}{\sum N_{无调}+\sum N_{有调}}$$

式中:$\sum Nt_{无调}$、$\sum Nt_{有调}$——无调、有调中转车总停留车小时;

$\sum N_{无调}$、$\sum N_{有调}$——无调、有调中转车总数。

或用下式计算:

$$t_{中}=\frac{\sum Nt_{无调}+\sum Nt_{有调}}{\frac{1}{2}(N_{中到}+N_{中发})}$$

式中：$N_{中到}$、$N_{中发}$——当日到达、发出的中转车数。

中转车平均停留时间（$t_{中}$）可用非号码制方法进行统计。

四、号码制统计方法

号码制货车停留时间统计利用《号码制货车停留时间登记簿》（运统 8）进行，在表中逐车登记每一辆货车，然后对当日发出的各种作业性质的货车进行结算。

1.《号码制货车停留时间登记簿》的填记依据及填记方法

（1）每日初将昨日未发出的货车信息用红笔移入当日最前部，然后继续填记当日到发货车。

（2）列车车次、货车车种及车号栏：根据列车编组顺序表（运统 1）填记。

（3）列车到发月、日、时分栏：根据《行车日志》（运统 2、3）填记。

（4）第 6～13 栏：根据装卸车清单（货统 2）、货车调送单（货统 46）或专用线取送车辆记录中的货车调到交接地点及装卸完了的时分填记。

若在站线卸车后调入另一站线装车，或在专用线卸车后调入另一专用线装车的双重作业车，在第 6 至第 9 栏或第 10 至第 13 栏内，另以分子填记第二次作业的起止时分。

（5）非运用车转入、转出栏（第 24 栏、第 25 栏）：根据运用车转变记录（运统 6）、非运用车登记簿（运统 7）中的转变时分填记。

以上所有时分均填记实际时分。

（6）作业过程不全的货物作业车：在第 6～13 栏及第 20～23 栏内画一横线。

凡无入线前停留时间、作业地点停留时间或出线后停留时间者，均属作业过程不全的货物作业车。

（7）作业种类栏（第 17 栏）按以下简称填记。

装车：“装”；卸车：“卸”；双重作业：“双”；货物倒装：“倒”；无调中转：“无”；有调中转：“有”。

（8）非运用车停留时间栏（第 26 栏）：转出时分与转入时分之差数。

（9）中转车停留时间栏、作业车停留时间栏（第 18 栏、第 19 栏）：发出时分与到达时分的差数，再减去其中转为非运用车的停留时间。

2. 号码制货车停留时间统计方法

统计日结束时，对《号码制货车停留时间登记簿》（运统 8）中记载的当日发出的货车（已填记第 14 栏至第 16 栏）加以结算，当日未发出的货车则不参加结算。

（1）将全天各项停留时间（第 18 栏至第 23 栏）分别加总，加总后应进整：1 小时以下满 30 分的进为 1 小时，30 分以下的舍去。

（2）货物作业车中在第 6 栏至第 13 栏及第 20 栏至第 23 栏划有横线的车数与停留时间，须单独加以结算。

（3）作业过程的各停留时间全天合计进整数之和（即第 20～23 栏全天合计进整数之和），与货物作业车全天停留时间合计进整数（即第 19 栏合计进整数）不等时，按第 19 栏合计进整数调整各作业过程停留时间全天合计进整数。

（4）货物作业次数按第 17 栏记载及有关规定计算。

按上述方法统计和结算后，即可计算当日的各项指标。

《号码制货车停留时间登记簿》（运统 8）见表 5–11。

表 5–11 《号码制货车停留时间登记簿》（运统 8）

货　车		到　达			调入站线		站线作业完了		调入专用线		专用线作业完了	
车 种	车 号	车 次	月 日	时 分	月 日	时 分	月 日	时 分	月 日	时 分	月 日	时 分
1	2	3	4	5	6	7	8	9	10	11	12	13

发　出			作业种类	中转车停留时间	作业车停留时间	货物作业过程别				非运用车			记事
						入线前停留时间	作业时间		出线后停留时间	转入月日时分	转出月日时分	停留时间	
车 次	月 日	时 分					站线	专用线					
14	15	16	17	18	19	20	21	22	23	24	25	26	27

3. 货物作业过程停留时间的划分

货物作业车在站停留时间按其作业过程可分为入线前停留时间、出线后停留时间，以及在货物作业地点（站线或专用线）停留时间。

（1）入线前停留时间，指由货车到达时起至送到装卸地点时止的时间，若为双重作业车还应增加由卸车完了时起至送到另一装车地点时止的时间。

入线前停留时间的长短，主要取决于列车到达作业、解体作业和送车作业的效率。这一过程的工作，主要由车站运转部门负责组织进行。

（2）作业地点停留时间，指由货车送到装卸地点时起至装卸作业完了时止的时间，在专用线进行作业时，若规定以企业自备机车取送车辆时，以双方将货车送到规定地点的时分计算。

站线（专用线）作业停留时间的长短，主要取决于车站（专用线）组织装卸作业的效率。这一过程的工作，主要由车站（专用线）货运部门、装卸部门负责组织进行。

（3）出线后停留时间，指由货车装卸作业完了时起至发出时止的时间。

出线后停留时间的长短主要取决于取车、集结、编组和出发等技术作业的效率，主要由车站运转部门负责组织进行。

4. 号码制统计的优缺点及适用情况

号码制统计方法是按每一辆货车的实际到发时分结算的，统计的货车停留车小时比较准确。同时，号码制统计方法按货物作业车的作业过程进行统计，能反映入线前、出线后和站线（专用线）作业停留时间延长或缩短的情况，便于车站进行分析和改进组织工作。但号码制统计方法仅结算当日发出车辆的停留车小时、作业次数和车数，没有发出的车辆不结算，不能准确反映当日工作的实绩，并且逐车登记，逐栏结算，工作烦琐。

因此，号码制统计方法适用于货车出入少的车站，以及使用非号码制货车停留时间登记簿的车站，用以统计本站货物作业车的作业过程及其停留时间，作为填报“货车停留时间报表”（见表 5-12）的资料。

表 5-12　货车停留时间报表

局名或月日	一次货物作业停留时间			中转车停留时间								
	作业次数	车辆小时	一次平均	无调中转			有调中转			合计		
				车数	车辆小时	一车平均	车数	车辆小时	一车平均	车数	车辆小时	一车平均
	1	2	3	4	5	6	7	8	9	10	11	12

装卸量较大的车站货物作业车作业过程														
作业车数	车辆小时	一次平均	入线前停留时间			站线作业时间			专用线作业时间			出线后停留时间		
			车数	车辆小时	一车平均	车数	车辆小时	一车平均	车数	车辆小时	一车平均	车数	车辆小时	一车平均
13	14	15	16	17	18	19	20	21	22	23	24	25	26	27

项目 6

车站调车作业计划的编制

任务 6.1　调车作业计划编制基本要求

车站班计划规定了一个班的总任务，阶段计划规定了各阶段内每台调车机车解编、取送等调车作业的顺序和起止时间，而调车作业计划是保证实现阶段计划规定的调车作业的具体行动计划。调车作业计划由调车领导人负责编制，并以调车作业通知单的形式下达给调车指挥人及有关人员执行。

一、调车作业计划的编制依据

调车作业计划的编制，应根据阶段计划和现在车分布状况、到达列车编组确报、驼峰（牵出线）利用情况及调车场线路固定用途和存车情况、各装卸点作业进度及调车机工作动态等实际情况，按照《车站行车工作细则》及有关规定进行编制。

二、调车作业通知单的格式

调车作业通知单应按各铁路局规定的格式逐项填记。

调车作业通知单一般有两种，一种是配备有专用调车机车的车站用（甲种），另一种是未配备调车机车的车站用（乙种）。调车作业通知单（甲种）见图6-1，调车作业通知单（乙种）见图6-2。

调车作业通知单（甲种）　第　号

调 编组/解体　次列车 开始　时　分 终了　时　分

顺 序	经 由	线 别	车 数		记 事
			挂	摘	
1					
2					
3					
4					
5					
6					

编制人：

调车作业通知单

第 6　号8调解体 11122 次，赵军 编制

计划起讫：2023-1-6 21:15至21:35

勾序	股道	+/-	辆数	记事
1	SD07	+	65	4626574注全
2	SB15	>>	13	4963183
3	SB26	>>	6	==
4	SB15	>>	10	4651778
5	SB33	>>	4	
6	SB15	>>	2	
7	SB34	>>	9	4614451注
8	SB22	>>	1	夹注
9	SB33	>>	4	
10	SB28	>>	16	4652217

打印时间：2023-1-6 21:00:04

图 6-1　调车作业通知单（甲种）

调车作业通知单（乙种）　　第　号

年　月　日

第　次列车　时　分起　时　分止

顺序	经由	线别	车数		记事
			挂	摘	
1					
2					
3					
4					
5					
6					

线路示意图

旅客列车车次		预计到开时刻	
调车领导人		值班干部签字	

车站值班员：

调车作业通知单（乙种）　第 1 号

2023年 1 月28 日

第41743 次列车　18 时 05 分起　19 时 50 分止

顺序	经由	线别	车数		记事
			挂	摘	
1		6			单机
2		8	2		
3		6	5		
4		8		4	对货位
5		6	5		
6		8		5	对货位
7		6			连结

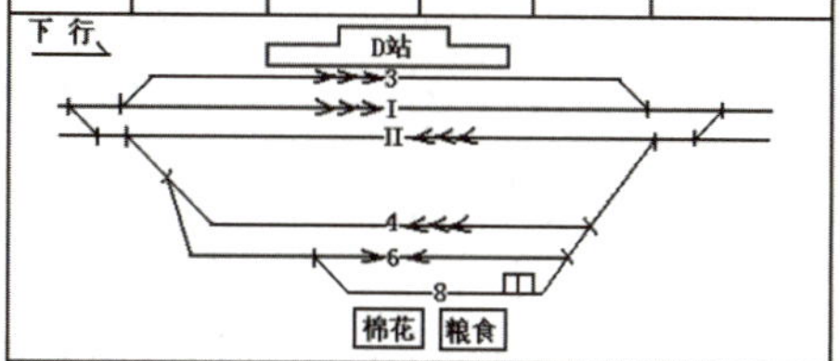

旅客列车车次	K 96	预计到开时刻	19:58
调车领导人	李XX	值班干部签字	刘XX

图 6-2　调车作业通知单（乙种）

三、掌握调车区现在车的方法

目前绝大多数铁路技术站都采用计算机掌握现在车，其原理同利用毛玻璃板和货票排顺的方法掌握现在车相同。

1. 利用毛玻璃板掌握现在车的方法

根据车站设备的具体情况，在毛玻璃板上画出与车场股道相同的格数，再根据担当调车任务的机车所在的位置，统一规定上下端代表的方向。例如，调车场两端为东西方向，担当解体任务的机车在东端，可规定上端为西，下端为东，此时毛玻璃板上现在车自上而下的顺序，就是调车场现在车从西到东的顺序。

2. 货票排顺

将货票存放架分为若干格，每格为一股道，分别存放调车区各股道现在车的票据。为便于货票的取放，其上下端所代表的方向，一般与毛玻璃板规定的方向相反。根据调车作业通知单和各股道现在车的增减、排列顺序的改变，及时调整存放架各格内的票据，确保架内各格存放的票据与毛玻璃板、调车区各股道内实际车数及其排列顺序完全一致。由于空车无货票，可在白纸上写明车种、车数，再放于货票存放架相应格内，以免遗漏。

3. 计算机掌握现在车

车站现在车系统是国铁集团运输管理信息系统（TMIS）的重要组成部分，其主要实现了确报编辑及打印、列车到发、摘挂作业、装卸作业等功能。车站现在车管理信息系统是基于Oracle 数据库的三层 B/S 架构系统，属于富客户端 Internet 应用程序（RIA），具备 C/S 与 B/S 的双重优点。

毛玻璃板查询功能，主要实现对全站现在车分布和状态的实时掌握，以股道为单元，以车辆组成的简明信息形式提供给用户。毛玻璃板查询界面如图 6–3 所示。

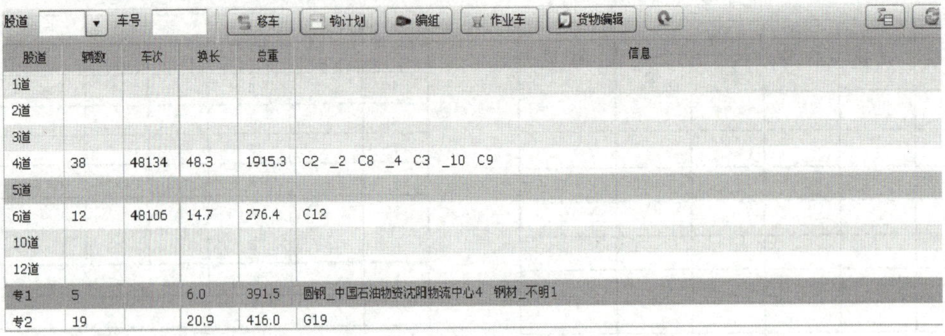

股道	辆数	车次	换长	总重	信息
1道					
2道					
3道					
4道	38	48134	48.3	1915.3	C2 _2 C8 _4 C3 _10 C9
5道					
6道	12	48106	14.7	276.4	C12
10道					
12道					
专1	5		6.0	391.5	圆钢_中国石油物资沈阳物流中心4 钢材_不明1
专2	19		20.9	416.0	G19

图 6–3　毛玻璃板查询界面

毛玻璃显示内容如下。

（1）内容项：股道、辆数、车次、换长、总重、信息。

（2）到发线的股道会显示到达或出发的列车车次。

（3）信息：按照定制的毛玻璃板显示格式显示股道车辆的组成内容。

任务 6.2　调车作业计划的编制

一、解体调车作业计划的编制

车列的解体调车，一般是通过驼峰或牵出线，按车辆去向将车列分解到调车场固定使用的股道内，为重新编组车列和取送作业创造有利条件。

（一）整列解体

纵列式车站利用驼峰解体调车时，一般采用整列解体。其调车作业计划基本上是按照调车场线路固定使用的原则，将车列分解到各条固定线路（俗称车辆对号入座）。

这是编制解体调车作业计划最基本的方法。

（二）分部解体

在横列式车站，当受牵出线长度或调车机车牵引力大小的限制，无法一次整列牵出需解体的车列时，可采用分部解体的方法进行解体作业。分部解体时，如果分成两部分，一般在待解体车列中部将待解车列分开（开口），实际上还应根据待解车列的具体组成情况考虑选择开口位置。

选择开口位置时，一般应遵循以下原则。

（1）当待解车列中有禁溜车时，应在禁溜车之后开口（调车机车所在位置为后，推送方向为前）。

例：假如待解车列由 52 辆组成，其编组情况如图 6–4 所示。

甲$_7$	O_4	甲$_9$	M_6	甲$_1$△	N_6	甲$_4$	P_2	乙$_7$	甲$_6$	调机

图 6-4　待解车列组成示意图 1

若分成两部分解体，按一般情况应在 M_6 和甲$_1$△之间开口，每次分解 26 辆，这样一来，在分解第一部分时，第一钩就是摘下甲$_1$△，而这是一组禁溜车，必须采用推送的方法将其送至调车线指定位置摘钩，此时调机将带着其余的 25 辆车去推送，既费时又费力，影响调车效率。因此可考虑在甲$_1$△与 N_6 之间开口，此时甲$_1$△放在第二部分分解，而且是最后一钩单独推送，推送时带车数少，省时省力。

（2）当待解车列中有长大车组时，应在长大车组之前开口。

例：假如待解车列由 56 辆组成，其编组情况如图 6-5 所示。

A_2	丙$_5$	D_2	丙$_5$	D_6	丙$_{15}$	乙$_8$	丙$_9$	C_2	B_2	调机

图 6-5　待解车列组成示意图 2

若分成两部分解体，一般会从待解车列中间开口，但是这将把丙$_{15}$这组车人为分开，是不合理的。如果在丙$_{15}$与乙$_8$之间开口，将丙$_{15}$放在第二部分进行分解，在整个解体过程中将一直带着这 15 辆车，到最后一钩才能将其摘下。较好的做法是在 D_6 与丙$_{15}$之间开口，将丙$_{15}$放在第一部分进行分解，这样第一钩就会将其摘下，减少了以后调车的带车数，减轻了调车车列的重量，方便了调车作业，提高了调车效率。

（3）当待解车列中有“坐编”车组时，应在“坐编”车组之后开口。

当解体完一个列车后，马上编组另一个列车，而编组这个列车需要的车流有一部分来自刚解完的列车，如果这部分编组所需的车流中有一个较大的车组，那么在解体列车时可不必将该车组牵出分解，可将其留在到达线上，只解其他车辆，解完后将编组所缺的其余车辆连挂后转往解体列车所在的到达线上，与留在到达线上未参加解体的车组连结即可编成列车。留在到达线上的未参加解体的车组俗称“坐编”车组。

例如，乙站阶段计划规定 20:50—21:50 间解完 30138 次后马上编组 30052 次，而编组 30052 次的车流来源为：30138 甲/45，站存甲/11 共 56 辆。根据列车确报，30138 次的具体编组内容和编组顺序如图 6-6 所示。

甲$_{30}$	O_4	N_2	甲$_3$	P_2	甲$_5$	M_3	甲$_7$	调机

图 6-6　30138 次的具体编组内容和编组顺序

30138 次列车中甲及其以远的车辆共 45 辆，其中有一个大车组甲$_{30}$，这个大车组就可以作为“坐编”车组留在到发线上不参加解体，只解其余 26 辆，解完后将编组所需的其余 26 辆甲及其以远的车，补足到甲$_{30}$所在的到发线上并与“坐编”车组连结，即可完成编组 30052 次的作业。因此，可选择在甲$_{30}$与 O_4 之间开口。

（4）当调车场内某股道有“堵门车”时，应避免开口后的第一组车为进入该线的车组，以免调车机车带着其他车辆到该线路顶送“堵门车”。如不可避免时，可借用其他合适的线路，暂时将其溜入所借线路，待推送完“堵门车”后，再将其转至固定使用的线路内。

二、编组调车作业计划的编制

由于车站的调车线是按照与本站相关的列车编组计划确定其具体用途的，因此，每条调车线内集结车辆的去向基本固定，对于一般的列车，编组作业只要在一条或几条调车线上连挂所需的辆数，然后将连挂完的车列转至出发线即可，作业钩数少，也比较简单。但是，列车编组计划对摘挂列车往往要求按中间站的站顺编组，所谓按站顺编组即牵引机车后应连挂到列车运行前方第一作业站的车组，然后是到第二作业站的车组，以此类推。而在调车线内集结的中间站车流的到站排列是杂乱无章的，因此，编组摘挂列车时，必须将调车线内待编车列中的车组按照到站顺序要求重新进行排序，此时可通过对待编车列进行分解，将同一到站的车辆放在一起，然后再按照规定的顺序连挂成列，因此所需调车钩数多，作业也较复杂。为了解决摘挂列车编组的问题，铁路职工在长期的生产实践中，总结了许多省钩、省线的作业方法，其中表格调车法（也称下落列调车法）就是常用的一种。

下面举例说明表格调车法的一般步骤和方法。

41152 次列车编成后将向左出发，运行方向的第一到站为 A 站，第二到站为 B 站，第三到站为 C 站，第四到站为 D 站，第五到站为 E 站。

因此，按站顺编组 41152 次列车就是要将原本杂乱无章的待编车列编成图 6-7 所示的顺序即可。

牵引机车	A_3	B_{12}	C_{10}	D_9	E_6

图 6-7　41152 次列车应编成的顺序

（一）对待编车列中的车组进行编号

将待编车列中的车组按其到站顺序数字进行编号，并将编号后的车列填在调车表内。

待编车列排列顺序如下：

$C_3B_7A_3C_4B_1E_6B_4C_3D_9$

按到站编号后的情况为：

$3_32_71_33_42_15_62_43_34_9$

将编号后的待编车列填入调车表内，如表 6-1 所示。

列车编成后的顺序应为：

$1_32_{12}3_{10}4_95_6$

表 6-1　调车表 1

下落列	待编车列										
	线路	3_3	2_7	1_3	3_4	2_1	5_6	2_4	3_3	4_9	调机
一											
二											
三											
四											

（二）在调车表中将待编车列中的车组按顺序下落

以调车机车在右侧工作，编成后的列车向左出发为例（即编成的列车中的车组排列从左至右为第一到站、第二到站、…… 、最后到站的顺序），排顺下落的方法如下。

从待编车列的左端向右端，由第一到站开始下落，在从左到右的一次循环中，只有当车列中第一到站的所有车组下落完后，才能下落第二到站的车组，依次类推按到站顺序依次循环下落，每循环一次即产生一个下落列，直至待编车列中所有车组均下落完毕。

每产生一个下落列，在分解待编车列时就需要占用一股道，有几个下落列就需要占用几股道。

如果调机在右侧工作，编成的列车向右出发；或调机在左侧工作，编成的列车向左出发；或调机在左侧工作，编成的列车向右出发；那么车组下落的方法也不完全相同，需要根据具体情况进行分析，采取不同的下落方法，如表 6–2 所示。

表 6–2 调车表 2

下落列	待编车列										
	线路	3_3	2_7	1_3	3_4	2_1	5_6	2_4	3_3	4_9	调机
一				1_3		2_1		2_4			
二			2_7		3_4				3_3		
三		3_3								4_9	
四							5_6				

（三）调整可移车组

车组下落完毕后，有些车组既可下落到这一列，也可下落到另一列而不影响车组按到站顺序排列，这样的车组称为“可移车组”。可移车组是否进行调整，一般的原则是看调整后是否省钩，省钩则调整，不省钩则不必调整。调整可移车组后的调车表如表 6–3 所示。

表 6–3 调车表 3

下落列	待编车列										
	线路	3_3	2_7	1_3	3_4	2_1	5_6	2_4	3_3	4_9	调机
一				1_3		2_1		2_4			
二			2_7		3_4						
三		3_3							3_3	4_9	
四							5_6				

（四）合并使用线路

下落列数越多，占用股道的数量也越多，在分解完待编车列后，按站顺连挂车组时所需要的挂车钩也越多。由于挂车钩所用时间长，因此，调车时的挂车钩数越多，调车工作的平均钩分也越长，作业效率相应也越低。

合并使用线路，即安排两个甚至三个下落列的车组共同使用一股道，可减少占用股道的数量，达到减少挂车钩数、提高调车作业效率的目的。由于下落为四列，需要使用四条线路才能完成编组调车任务，但是可用线路只有 10 道和 11 道，再加上待编车列所在的线路 9 道，共有三条线路可用，因此必须合并使用线路。根据所学相关知识，应使第二列和第四列合并组成暂合列共用一条线路。

根据合并使用线路的情况，可将原第二列中的 3_4 车组调整至第三列，然后将第一列中的 2_1 车组调整至第二列，在合并使用线路后可与原第四列的 5_6 车组合成一组，可节省一钩摘车钩。

合并使用线路的具体调车表如表 6-4 所示，暂合列由三组车组成，其中 2_7、2_1 是原第二列的车组，5_6 是原第四列的车组，在重新分解暂合列时将 2_7、2_1 分解到第一列所在线路，而将 5_6 分解到第三列所在线路，连挂时只需先去第三列所在线路挂车，然后再去第一列所在线路挂车即可将待编车列按到站 1、2、3、4、5 的顺序编好。

表 6-4　调车表 4

下落列	待编车列									
	线路	3_3	2_7	1_3	3_4	2_1	5_6	2_4	3_3	4_9	调机
一				1_3				2_4			
二、四			2_7			2_1	$\boxed{5_6}$				
三		3_3			3_4				3_3	4_9	

（五）安排线路使用

可将分解待编车列时摘下的第一钩车组 3_3 所在的下落列即第三列安排使用 9 道，可减少解体时的挂车数并节省一钩摘车钩；第一列及二、四合并暂合列则安排在可用线路 11 道和 10 道，假设第一列使用 11 道，二、四合并暂合列使用 10 道，线路使用情况参考表 6-5。

表 6-5　调车表 5

下落列	待编车列									
	线路	3_3	2_7	1_3	3_4	2_1	5_6	2_4	3_3	4_9	调机
一	11			1_3				2_4			
二、四	10		2_7			2_1	$\boxed{5_6}$				
三	9	3_3			3_4				3_3	4_9	

（六）填写调车作业通知单

线路使用方案确定后，就可以编制调车作业计划并填写调车作业通知单，按站顺编组41152 次摘挂列车的调车作业计划如图 6–8 所示。

调车作业通知单（甲种） 第 7 号

I 调编组 41152 次列车开始 1 时 00 分终了 2 时 40 分

顺序	经由	线别	车数		记事
			挂	摘	
1		9	37		4674223
2		10		7	
3		11		3	
4		9		4	
5		10		7	
6		11		4	
7		9		12	
8		10	14		3169677
9		11		8	带 6 辆
10		9	19		4832379
11		11	15		8100911
12		6		40	

图 6–8 按站顺编组 41152 次摘挂列车的调车作业计划

几个下落列合并形成的下落列称为暂合列，暂合列中的车组并未完全按规定顺序排列好，因此还需对暂合列再次进行分解，通过重新分解排好顺序。假设编成的车列从左至右应按第一列、第二列、第三列、第四列的顺序连挂在一起，那么，在分解暂合列时，原下落为第二列的车组应分解到第一列车组所在的线路内，原下落为第三列的车组则应分解到第二列车组所在的线路内，原下落为第四列的车组应分解到第三列车组所在的线路内，以此类推，这样通过分解暂合列就可以将车组按到站顺序排好。

在上述假设条件下，当下落列为四列、只能使用三股道时，合并使用线路的方案只有一种，即将第二列和第四列合并组成暂合列占用一股道，第一列和第三列分别单独占用一股道，在重新分解暂合列时，暂合列中原第二列的车组可向第一列车组所在股道分解，原第四列的车组则可向第三列车组所在股道分解，使车列的排列顺序为：第一列、第二列、第三列、第四列，即车列的到站为第一到站、第二到站、第三到站，等等。

当下落列超过四列时，合并使用线路的方案不再是唯一的，此时应如何选择组成暂合列才更有利呢？有利的合并方案应该是：暂合列内车组交错少，能增加邻组，能利用尾组，能减少调车钩数等。表 6–6 是调机在右侧工作、编成的列车向左出发时的部分合并使用线路的方案。

在实际工作中，由于待编车列的排列情况复杂多变，如待编车列中有禁溜车、需要隔离的车等情况，则不能完全照搬上述方法，应根据实际情况做出相应合理的计划。

另外，为节省挂车钩，在分解暂合列时，应将暂合列中全部车组一次牵出进行分解。

表 6–6　调机在右侧工作、编成的列车向左出发时的部分合并使用线路的方案

下落列数	最少使用股道数	合并方案	暂合列数	分解暂合列	附注
四	三	二四	1		一、三列各单独占用一股道
五	三	五四二	1	第五列的车组仍需分解到原暂合列所在股道	一、三列各单独占用一股道
	三	三五二		第三列的车组仍需分解到原暂合列所在股道	一、四列各单独占用一股道
	三	一三五		第一列的车组仍需分解到原暂合列所在股道	二、四列各单独占用一股道

任务 6.3　报告、联系、分析制度

一、车站有关人员在完成作业计划过程中，须遵守下列报告、联系制度

（一）调车领导人（或掌握现在车人员）

（1）接班后和每一阶段作业计划完成之后，及时向车站调度员报告现在车情况。

（2）列车编组内容确定后或编组作业开始，通知车号员做好列车编组的票据排序、核对，以及列车编组顺序表、列车编组通知单的编制工作。

（3）列车编成后，及时通知车站值班员做好发车前的准备工作。

（4）每一批调车作业计划完成后，向车站调度员报告实际作业起止时分和有关情况。

（5）下达取送车作业计划后，要通知货运调度员转告有关作业点的货运员。

（二）车站值班员

（1）每次列车到发后，将到发时分、占用股道、机型、机车号告知车站调度员。

（2）到达列车邻站报开后，及时通知车号员、货运检查员、列检员及其他有关人员。

（3）每一到达列车技术检查完了后，根据列检值班员的通知，及时告知车站调度员。

（4）出发列车编成后，及时通知列检值班员进行技术检查。

（三）货运调度员（或货运值班员）

（1）接班后和每一阶段计划完了后，以及各货场和专用线每批车辆装卸作业完了之后，

向车站调度员或调车区长报告作业进度和现在车情况（去向别重车，车种别空车，车辆停留线别、顺序）。

（2）接到车站调度员或调车区长的取送车调车作业通知单后，及时通知有关装卸点的货运员。

（四）车号员

（1）对出发列车须按规定正确编制列车编组顺序表，保证出发列车确报与实际列车编组内容完全相符。

（2）对到达列车须及时核对现在车，发现现在车与确报不符，及时向车站调度员或调车领导人报告。

二、调车工作完成情况分析

先分析各台调车机车完成的作业量。例如，解体和编组的列数、辆数，以及平均编、解作业时间；取送次数、辆数等，从而分析调车机车的运用效率。

如果调车机车运用效率不高，则应进一步分析，是非生产等待时间多，还是重复作业时间多；是调车作业迟缓，还是计划不当或变更计划频繁。有时调车机车效率不高是由于作业时间超过了标准，应进一步分析其原因，并针对调车工作中存在的问题，提出改进措施。

三、编制调车作业计划时应注意的问题

调车计划是调车作业的行动依据，对完成班计划和阶段计划起着非常重要的作用。编制调车作业计划时，调车领导人应先考虑需要与可能的各种因素，并留有一定的余地，尽量防止由于各种因素的影响，使调车作业不能按计划的要求完成，具体应注意以下几点。

① 调车作业计划应做到及时、准确，调车领导人应尽量不变更计划，因为变更计划不但影响效率，而且往往会因为传达不彻底而造成事故。

② 在调车作业通知单中应详尽注明车辆的特殊限制。

③ 组织调车组和乘务组按时接班，及时做好作业前的准备工作，并尽量缩短交接班和吃饭时间，压缩非生产时间。

④ 掌握调车机车的作业速度，调车场两端进行分区调车作业或需要越区作业时，要加强与对方的联系工作，做到协调一致，避免相互干扰。

⑤ 要加强与列检人员的联系，加快列车技术检查过程，做到尽量压缩或不延长列车的技术作业时间。

⑥ 要及时与车站值班员联系，掌握到发线的使用情况，及时报告腾空或占用到发线的时间，以便车站值班员可以按计划安排使用到发线，联系机车出库，组织列检作业等。

⑦ 在作业中应充分利用一切技术设备，采用先进的工作方法，加速作业进度，做到高效率地进行调车作业，不致因作业的迟缓影响调车作业计划的实现。

⑧ 要考虑调车场两端调车机的作业协调，把计划统一起来。

⑨ 在作业中应遵章守纪，特别注意人身安全和行车安全。

任务 6.4　编组列车有关规定

一、编组列车依据

列车应按《铁路技术管理规程》、列车编组计划和列车运行图规定的编挂条件、车组、重量或长度编组。

列车重量应根据机车牵引力、区段内线路状况及其设备条件确定。编组超重列车时，编组站、区段站应商得机务段调度员同意，在中间站应得到司机的同意，并均须经列车调度员准许。

列车长度应根据运行区段内各站到发线的有效长，并预留 30 m 的附加制动距离来确定。超长列车运行办法，由铁路局规定。

二、编组列车规定

（一）动车组编组

动车组为固定编组。单组动车组运用状态下不得解编，两组短编组同型动车组可重联运行。在救援等特殊情况下，两组不同型号的动车组可重联运行。

动车组禁止加挂各型机车车辆（无动力调车时的调车机、救援机车、无动力回送时的本务机车及回送过渡车除外）；动车组禁止编入其他列车。

超过检修期限的动车组禁止上线运行（经车辆部门鉴定的回送动车组除外）。

（二）禁止编入列车的机车车辆

（1）插有扣修、倒装色票的及车体倾斜超过规定限度的。

（2）曾经发生冲突、脱轨、火灾、爆炸或曾编入发生特别重大、重大、较大事故列车内，以及在自然灾害中损坏，未经检查确认可以运行的。

（3）装载货物超出机车车辆限界，无挂运命令的。

（4）装载跨装货物（跨及两平车的汽车除外）的平车，无跨装特殊装置的。

（5）平车及敞车装载货物违反装载和加固技术条件的。

（6）未关闭侧开门、底开门，以及平车未关闭端、侧板的（有特殊规定者除外）。

（7）由于装载的货物需停止自动制动机的作用，而未停止的。

（8）企业自备机车、车辆、自轮运转特种设备和城市轨道车辆、进出口机车车辆过轨时，未经铁路机车车辆人员检查确认的。

（9）缺少车门的（检修回送车除外）。

（10）超过定期检修期限的客车车辆（经车辆部门鉴定的回送客车除外）禁止编入旅客列车。

（三）编组旅客列车应遵守的规定

（1）旅客列车、回送客车底不准编挂货车，编入的客车车辆最高运行速度等级必须符合该列车规定的速度要求。

（2）在旅客列车中，与机车相连接的客车端门及编挂在列车尾部的客车后端门须加锁。

动车组列车驾驶室与旅客乘坐席间的门须锁闭。

（3）动车组以外的旅客列车按列车编组表编组，机车后第一位编挂一辆未搭乘旅客的车辆作为隔离车。行李车、邮政车、发电车等非乘坐旅客的车辆应分别挂于机车后第一位和列车尾部，起隔离作用；在装设集中联锁的区段，当设有列车运行监控装置时，旅客列车可不挂隔离车。如隔离车在途中发生故障摘下时，可无隔离车继续运行。局管内旅客列车经铁路局主要领导批准，可不隔离。

（四）客车编入货物列车的规定

客车编入货物列车回送时，客车编挂辆数不得超过 20 辆，应挂于列车中部或后部。

装有密接式车钩的客车原则上应附挂旅客列车回送。需附挂货物列车回送时，不得超过 10 辆，其后编挂的其他车辆不得超过 1 辆。

客车与平车、平集共用车以外的货车连挂时，不得与货车人力制动机端连挂；客车与平车、平集共用车人力制动机端连挂时，平车、平集共用车的人力制动机不得使用，须处于非工作状态。

客车不得与装用 17 号（16 号）车钩的货车（标记载重 70t 及以上的货车）直接连挂。确需连挂时，由国铁客车配属单位或自备客车产权单位根据客车风挡型式，将连挂端橡胶风挡或铁风挡及渡板、缓冲杆予以拆除，将折棚风挡可靠收起后，翻起或拆除渡板。车端带有“㊦”标记的自备铁路客车（配属标记为产权单位名称的客车），允许与装用 17 号（16 号）车钩的货车直接连挂。

（五）列尾装置的运用及摘挂

（1）旅客列车列尾装置是保证列车运行安全的重要装备，因此规定动车组以外的旅客列车均应安装列尾装置。

（2）半自动闭塞区间没有列车占用检查设备，因此规定半自动闭塞区段货物列车须挂列尾装置。其他区段应根据线路实际情况确定货物列车是否挂列尾装置。自动闭塞、自动站间闭塞区段不挂列尾装置时，如其中有个别区间为半自动闭塞区间时，为统一行车组织方式，货物列车在该区间可不挂列尾装置，但应有其他确认列车完整到达车站的手段。货物列车尾部未挂列尾装置时，为便于作业人员确认列车完整，规定以吊起尾部车辆软管代替尾部标志。对有列检作业的列车，因列检需进行列车自动制动机的试验等作业，为提高作业效率，规定尾部车辆软管的吊起，有列检作业的列车，由列检人员负责；无列检作业的列车，则由车务人员负责。

（3）旅客列车列尾装置尾部主机的安装与摘解、风管及电源的连结与摘解，由车辆人员负责。货物列车列尾装置尾部主机的安装与摘解，由车务人员负责。软管连结，有列检作业的列车，由列检人员负责；无列检作业的列车，由车务人员负责。特殊情况，由铁路局规定。

列尾装置是保障列车安全运行的重要设备，应保证其在运用中保持良好的技术状态。为此，在使用前，列尾设备的管理维护部门必须按规定进行检测，合格后方可投入运用。严禁检测不合格的列尾设备投入运用。

（六）机车的编挂

1. 工作机车的编挂

工作机车应挂于列车头部，正向运行（牵引小运转、路用、救援列车的机车除外）；无转向设备的，可逆向运行。

双机或多机牵引时，本务机车由第一位机车担当。

补机原则上应挂于本务机车的前位或次位，在特殊区段或需途中返回时，经铁路局批准，可挂于列车后部，如后部补机不接软管时，由铁路局规定保证安全的作业办法。

2. 回送机车的编挂

铁路局的机车跨牵引区段回送时，原则上应有动力附挂货物列车（电力机车经非电气化区段回送时除外）。在所担当的区段外单机运行时，应派带道人员添乘。状态不良的机车，可随货物列车无动力回送。

旅客列车遇特殊情况须附挂跨铁路局的回送机车时，按国铁集团调度命令办理。

回送机车，应挂于本务机车次位，挂有重联机车时为重联机车次位。20‰ 及以上坡道的区段，禁止办理机车专列回送。

回送铁路救援起重机，应挂于列车后部。

（七）单机挂车的规定

为充分利用机车动力和区间通过能力，加速车辆移动，在不影响机车运用、保证运行安全的条件下，准许利用单机附挂车辆。考虑到机车乘务组监护附挂车辆的条件限制，单机挂车不宜过多。在机车实际牵引区段的线路坡度不超过 12‰时，以 10 辆为限；线路坡度超过 12‰时，考虑到具体坡度、牵引动力、牵引定数不同，单机挂车辆数不宜全路统一规定，由铁路局自行规定。

为确保单机挂车后的运行安全，应遵守下列规定。

（1）为了保证单机运行时有足够的闸瓦压力，全部车辆的自动制动机作用必须良好，不准编挂“关门车”。发车前列检人员（无列检作业时为车站发车人员）应按规定进行制动试验。

（2）为了保证货物在运行途中的完整和行车安全，明确交接责任，连挂前必须彻底检查货物装载状态。

（3）为保证行车安全，明确职责，区间被迫停车的防护工作，以及检查附挂车辆有无脱钩和关闭折角塞门等情况，均由机车乘务组负责。机车乘务组于开车前应确认附挂辆数及制动主管贯通状态是否良好。

（4）对单机挂车要严格控制，要求列车调度员严格掌握，不得因单机挂车影响机车固定交路和使乘务员超过劳动时间。

（5）鉴于爆炸品危险性较大，运行上要求隔离，超限货物在运行条件上有很多限制，司机在进行乘务工作的同时难以全面照顾，因而规定单机挂车不准挂装载有爆炸品、超限货物的车辆。

单机挂车时因所挂车辆较少，且开行单机车次，因此可不挂列尾装置。在这种情况下，车站接发列车时，应有确认完整到达的办法，并于发车后通知邻站，以确保运行安全。

（八）关门车编挂的规定

列车中的机车和车辆的自动制动机，均应加入全列车的制动系统。

货物列车中因装载的货物规定需停止制动作用的车辆，自动制动机临时发生故障的车辆，准许关闭截断塞门（此类车辆简称关门车），但列检作业场所在站编组始发的列车中，不得有制动故障关门车。编入列车的关门车数不超过现在车总辆数的 6%（尾数不足一辆按四舍五入计算）时，可不计算每百吨列车重量的换算闸瓦压力，不填发制动效能证明书；超过 6%时，应按规定计算闸瓦压力，并填发制动效能证明书交予司机。关门车不得挂于机车后部三辆车之内；在列车中连续连挂不得超过两辆；列车最后一辆不得为关门车；列车最后第二、三辆不得连续为关门车。对于不适于连挂在列车中部但走行部良好的车辆，经列车调度员准许，可挂于列车尾部，以一辆为限，如该车辆的自动制动机不起作用时，须由车辆人员采取安全措施，保证不致脱钩。

旅客列车、特快货物班列不准编挂关门车。在运行途中（包括在站折返）如遇自动制动机临时故障，在停车时间内不能修复时，准许关闭一辆，但列车最后一辆不得为关门车，120 km/h 速度等级及编组小于 8 辆的 140 km/h、160 km/h 速度等级列车应按规定关门时需限速运行，车辆乘务员须向司机递交限速证明书。

编有货车的军用列车、路用列车编挂关门车时，除有特殊规定外，执行货物列车的规定。

（九）列车中车辆的连挂

列车中车辆的连挂，由调车作业人员负责。软管的连结，有列检作业的始发列车由列检人员负责；无列检作业的，由调车作业人员负责。

动车组采用机车调车作业时，随车机械师或动车段（所）胜任人员负责过渡车钩和专用风管的安装与拆卸、电气连接线的连结与摘解，以及打开车门，调车人员负责车钩连结与摘解、软管摘结。

动车组无动力回送或被救援时，过渡车钩、专用风管的安装与拆卸由随车机械师负责，司机配合。

列车机车与第一辆车的连挂，由机车乘务员负责。单班单司机值乘的由列检人员负责；无列检作业的列车，由车辆乘务员负责；无车辆乘务员的列车，由车站人员负责。

列车机车与第一辆车的车钩摘解、软管摘结，由列检人员负责。无列检作业的列车，车钩摘解、软管摘解由机车乘务员（单班单司机值乘的由车辆乘务员）负责，软管连结由车辆乘务员负责，无车辆乘务员的列车，由机车乘务员（单班单司机值乘的由车站人员）负责。

列车机车与第一辆车电气连接线的连结与摘解由列检作业人员负责，无列检作业人员时，由车辆乘务员负责。

货物列车本务机车在车站进行调车作业时，无论单机或挂有车辆，与本列的车辆摘挂和软管摘结，均由调车作业人员负责。

旅客列车在途中摘挂车辆时，车辆的摘挂和软管摘结，由调车作业人员负责，密封风挡和电气连接线的连结与摘解由车辆乘务员负责，其他由列检作业人员负责，无列检作业人员时，由车辆乘务员负责，必要时打开车门，以便于调车作业。装有密接式车钩的客车车辆摘挂时，过渡车钩的安装与拆卸由列检人员负责，无列检人员时由车辆乘务员负责。

列车机车与动车组过渡车钩的连结与摘解、软管摘结、电气连接线的连结与摘解，由随车机械师负责。

（十）装载危险、易燃等货物的车辆编入列车的隔离限制

装载危险、易燃等货物的车辆编入列车的隔离限制，按《铁路车辆编组隔离表》执行。编挂超限货物车辆或特种车辆时，按国家及国铁集团规定或临时指示办理，如表 6－7 所示。

表 6-7　铁路车辆编组隔离表　　（单位：辆）

最少隔离辆数 / 隔离标记 / 货物种类（品名编号）		隔离对象	距牵引的内燃、电力机车，推进运行或后部补机及使用火炉的车辆	距乘坐旅客的车辆	距装载雷管及导爆索（11001，11002，11007，11008）的车辆 △7	距装载除雷管及导爆索以外爆炸品的车辆 △8	距装载易燃普通货物的敞车、平车	距装载高出车帮易窜动货物的车辆	备注
气体（含空罐车）	易燃气体 非易燃无毒气体 毒性气体	△1	4	4	4	4	2	2	运输气体类危险货物重、空罐车时，每列编挂不得超过 3 组。每组间的隔离车不得少于 10 辆
一级易燃液体 一级易燃固体 一级易于自燃的物质 一级氧化性物质 有机过氧化物 一级毒性物质（剧毒品） 一级酸性腐蚀性物质 一级碱性腐蚀性物质 一级其他腐蚀性物质		△2	2	3	3	4	2		运输原油时，与机车及使用火炉的车辆可不隔离。运输硝酸铵时，与机车及使用火炉的车辆隔离不少于 4 辆
放射性物质（物品）（矿石、矿砂除外）		△3	2	4	×	×	2	1	×标记表示不能编入同一列车
七〇七	一级	△4	4	4	4	4	4	2	一级与二级编入同一列车时，相互隔离 2 辆以上，停放车站时相互隔离 10 m 以上，严禁明火靠近
七〇七	二级	△5	4	4	4	4	4	2	
敞车、平车装载的易燃普通货物及敞车装载的散装硫黄		△6	2	2	2	2			装置未涂防火剂的腐朽木材的车辆，运行在规定的区段和季节须与牵引机车隔离 10 辆，如隔离有困难时，各铁路局与邻局协商隔离办法
爆炸品	雷管及导爆索（11001，11002，11007，11008）	△7	4	4		4	2	2	
爆炸品	除雷管及导爆索以外的爆炸品	△8	4	4	4		2	2	

注：1. 小运转列车及调车隔离规定，由铁路局自行制定。

2. 有△丰标记的车辆与装载蜜蜂的车辆运输时按有关规定办理。

3. 空罐车可不隔离（气体类危险货物除外）。

三、列车编组顺序表与客运列车编组顺序表

（一）列车编组顺序表

列车编组顺序表（运统 1）如表 6–8 所示。该表记载了列车组成情况，作为车站与司机、铁路局之间交接车辆的依据，其是运输统计的主要原始资料。有关人员必须按规定准确、及时地填记和报送。

凡由编组站、区段站及列车始发站发出的一切列车，均由车站按照列车实际组成情况编制列车编组顺序表（运统 1）。

1. 列车编组顺序表内容

列车编组顺序表由表头、编组内容、结算三部分组成。

表头部分包括：编号及二维码、编组站、终到站、经由站，列车计划发车时间、列车车次、自首（尾）、制表人、检查人。

编组内容部分包括：车种栏、（罐车）油种栏、车号栏、自重栏、换长栏、载重栏、到站栏、（货物）品名栏、发站栏、篷布栏、小型箱栏（有时有）、票据号栏、收货人或卸线栏、（车辆使用）属性栏、记事栏。

结算部分包括：站名栏、客车栏、货车栏、其他栏、合计栏、自重栏、载重栏、总重栏、换长栏、铁路篷布合计栏。

表 6–8　列车编组顺序表（运统 1）

编组站：丰台西　终到站：双桥　经由站：　2021年05月26日03时59分　45569次列车

自首　制表人：上行抄票　检查人：上行抄票　纸质票：　NO.FXP210526083

顺序	车种	油种	车号	自重	换长	载重	到站	品名	发站	篷布	票据号	收货人	属性	记事
1	C70E		1675016	22.3	1.3	70	玉田县	通二重2	二道沙河		RDCJ0009546	唐山三齐建筑集租		35T;
2	C70E		1697202	23.8	1.3	70	玉田县	通二重2	二道沙河		RDCJ0009550	唐山三齐建筑集租		35T;
3	C70		1556543	22.6	1.3	70	玉田县	通二重2	二道沙河		RDCJ0009549	唐山三齐建筑集租		35T;
4	C70E		1767226	24.1	1.3	70	玉田县	通二重2	二道沙河		RDCJ0009548	唐山三齐建筑集租		35T;
5	C70E		1675959	23.5	1.3	70	玉田县	通二重2	二道沙河		RDCJ0009547	唐山三齐建筑集租		35T;
6	C70		1635586	22.8	1.3	70	玉田县	通二重2	二道沙河		RDCJ0009555	唐山三齐建筑集租		35T;
7	C70		1556086	23.6	1.3	70	玉田县	通二重2	二道沙河		RDCJ0009554	唐山三齐建筑集租		35T;
8	C70		1640662	22.7	1.3	70	玉田县	通二重2	二道沙河		RDCJ0009553	唐山三齐建筑集租		35T;
9	C70		1553826	23.5	1.3	70	玉田县	通二重2	二道沙河		RDCJ0009552	唐山三齐建筑集租		35T;
10	C70E		1724149	24.1	1.3	70	玉田县	通二重2	二道沙河		RDCJ0009551	唐山三齐建筑集租		35T;
11	C70E		1815864	23.8	1.3	70	玉田县	通二重2	二道沙河		RDCJ0009556	唐山三齐建筑集租		35T;
12	C70E		1682202	23.9	1.3	70	玉田县	通二重2	二道沙河		RDCJ0009564	唐山三齐建筑集租		35T;
13	C70E		1810290	23.8	1.3	70	玉田县	通二重2	二道沙河		RDCJ0009563	唐山三齐建筑集租		35T;
14	C70E		1786508	24	1.3	70	玉田县	通二重2	二道沙河		RDCJ0009557	唐山三齐建筑集租		35T;
15	C70		1637587	22.7	1.3	70	玉田县	通二重2	二道沙河		RDCJ0009562	唐山三齐建筑集租		35T;
16	C70E		1681664	23.4	1.3	70	张百湾	洗末煤	月山		YBFZA0021927	河钢股份有限联		Y;
17	C70		1550705	23.4	1.3	70	张百湾	洗末煤	月山		YBFZA0021931	河钢股份有限联		Y;
18	C70E		1730590	24	1.3	70	张百湾	洗末煤	月山		YBFZA0021914	河钢股份有限联		Y;
19	C70		1642470	22.4	1.3	70	张百湾	洗末煤	月山		YBFZA0021929	河钢股份有限联		Y;
20	C70E		1687461	23.8	1.3	70	张百湾	洗末煤	月山		YBFZA0021917	河钢股份有限联		Y;
21	C70		1630269	22.9	1.3	70	张百湾	洗末煤	月山		YBFZA0021907	河钢股份有限联		Y;
22	C70		1648108	22.7	1.3	70	张百湾	洗末煤	月山		YBFZA0021908	河钢股份有限联		Y;
23	C70E		1784692	24	1.3	70	张百湾	洗末煤	月山		YBFZA0021920	河钢股份有限联		Y;
24	C64K		0301243	23	1.2	0	王佐	检修	石楼		SIPR05150034	神华销售集团		待报废空自备敞车
25	C64K		4838537	21.8	1.2	55	张辛	卷钢	杨行	1	YHHZA0046182	北京首钢冷轧联		总包;易窜;窜AU
26	C64K		4909676	21.5	1.2	54	张辛	卷钢	杨行	1	YHHZA0046183	北京首钢冷轧联		总包;易窜;窜AU
27	C64K		4961621	22.3	1.2	54	张辛	卷钢	杨行	1	YHHZA0046181	北京首钢冷轧联		总包;易窜;窜AU
28	C70		1588012	22.6	1.3	61	张辛	卷钢	杨行	1	YHHZA0046184	北京首钢冷轧联		总包;易窜;窜AU
29	P62NK		3317974	24	1.5	55	通州	其他饮料	千岛湖南		QHHKA0062059	北京东方通联行租		F;总包;批快;快运U
30	C70H		1511233	22.4	1.3	68	张辛	螺纹钢	宣化		XHPZA0247647	北京首钢冷轧		C6
31	C64K		4954147	22.3	1.2	58	张辛	螺纹钢	宣化		XHPZA0247646	北京首钢冷轧		C6
32	C64K		4888541	21.4	1.2	58	张辛	螺纹钢	宣化		XHPZA0247648	北京首钢冷轧		C6
33	C64K		4947715	22.4	1.2	58	张辛	螺纹钢	宣化		XHPZA0247528	北京首钢冷轧		C6
34	C64H		4201882	21.9	1.2	58	张辛	螺纹钢	宣化		XHPZA0247529	北京首钢冷轧		C6
35	C70E		1742084	24	1.3	68	张辛	螺纹钢	宣化		XHPZA0247530	北京首钢冷轧		C6
36	C70E		1781265	24	1.3	70	玉田县	通二重2	二道沙河		RDCJ0009561	唐山三齐建筑集租		35T;
37	C70		1553560	22	1.3	70	玉田县	通二重2	二道沙河		RDCJ0009560	唐山三齐建筑集租		35T;
38	C70		1642538	22.3	1.3	70	玉田县	通二重2	二道沙河		RDCJ0009559	唐山三齐建筑集租		35T;
39	C70E		1815323	23.8	1.3	70	玉田县	通二重2	二道沙河		RDCJ0009558	唐山三齐建筑集租		35T;
40	C70E		1734269	23.9	1.3	70	张百湾	洗末煤	月山		YBFZA0021910	河钢股份有限联		Y;

车辆去向：玉田县：19，张百湾：9，王佐：1，张辛：10，通州：1，

车种分类：C：39，P：1，

自编组站出发及在途中站摘挂后列车编组													
	客	局	重	空	非	代	其他	合计	自重	载重	总重	换长	铁路篷布合计
**（合计）			39		1			40	923.4	2607	3530	51.4	4
—企					1			1	23.0		23	1.2	
—国铁			39					39	900.4	2607	3507	50.2	4
—集			19					19	443.3	1330	1773	24.7	
—特													
—行			1					1	24.0	55	79	1.5	

2. 列车编组顺序表的编制

列车编组顺序表（运统 1）是铁路运输组织工作的原始信息资料。目前很多车站已使用 TMIS 系统编制列车编组顺序表，掌握现在车。列车编组顺序表内各栏，必须填写正确、清楚、齐全。

3. 列车编组通知单

列车编组通知单（运统 1 乙）如图 6–9 所示。

列车编组通知单(运统1乙)

丰台西：车站　　2021年05月26日03时59分　　45569 次列车　　机车：DF4/4144
车站制表者：上行抄票　　车站值班员：　　司机所在段：　　司机：高XX

站名	牵引重量(吨)		客车辆数		货车辆数				其他车辆	合计车辆	换长	记事
	总重	载重	合计	其中行李车	重车	空车	非运用车	其中代客				
**（合计）	3530	2607			39		1			40	51.4	
—集	1773	1330			19					19	24.7	
—特												
—行	79	55			1					1	1.5	

图 6–9　列车编组通知单（运统 1 乙）

（二）客运列车编组顺序表

客运列车编组顺序表如表 6–9 所示。

表 6–9　客运列车编组顺序表

NO：BJP20210526K5279
(客运统1)

始发站：北京　　2021年05月26日 06时52分　　列车车次：K5279
终到站：清河城　　列车担当企业：XX 客运段
制表者：宋XX　　组号：

顺号	车种	车号	定员	自重	载重	换长	配属企业	支配企业	摘车站	挂车站	记事
1	UZ25K	8144	0	44.0	18.0	2.4	邮政	邮政			-
2	KD25K	998828	0	61.4	5.0	2.1	上	上			-
3	YZ25K	345479	118	46.6	11.2	2.4	上	上			-
4	YZ25K	348149	118	46.6	11.2	2.4	上	上			-
5	YZ25K	345483	106	47.2	9.0	2.4	上	上			-
6	YZ25K	345730	112	48.0	11.4	2.4	上	上			-
7	CA25K	892613	0	48.8	4.8	2.4	上	上			-
8	RW19K	553890	20	50.8	3.8	2.4	上	上			-
9	RW25K	552561	36	49.9	4.5	2.4	上	上			-
10	YW25K	670091	60	46.4	5.9	2.4	上	上			-
11	YW25K	670935	66	48.6	6.4	2.4	上	上			-
12	YW25K	670073	66	48.7	6.4	2.4	上	上			-
13	YW25K	670082	66	47.3	6.4	2.4	上	上			-
14	YW25K	671219	66	47.9	6.4	2.4	上	上			-
15	YW25K	670544	66	48.7	6.4	2.4	上	上			-
16	YW25K	671206	60	48.0	5.9	2.4	上	上			-
17	XL25K	205598	0	44.1	17.7	2.4	行包	行包			-

自始发站出发及途中站摘挂后列车编组

站名	客车辆数					货车辆数	其他辆数	合计辆数	自重	载重	总重	换长	记事
	合计	其中											
		基本编组	加挂企业1及辆数	加挂企业2及辆数	其他客车								
北京	17	17						17	823	140	963	40.5	
其中：快运公司	2	2						2	88	36	124	4.8	
集装箱公司													
特货公司													

到达时分：2021年05月26日 13时28分　　交接时间：　　时　　签字

客运列车编组通知单如图 6-10 所示。

NO：BJP20210526K5279

北京站　　2021年05月26日 06时52分　K5279次列车　　XX 客运段担当　号机车　(客运统1乙)

车站制表者: 张XX　车站值班员: 刘XX　　机车乘务员所属单位:　机车乘务员:

站名	牵引重量（吨）		辆数							换长	记事栏
	总重	载重	合计	其中							
				基本编组	加挂企业1及辆数	加挂企业2及辆数	其他客车	货车	其他		
北京	963	140	17	17						40.5	
其中：快运公司	124	36	2	2						4.8	
集装箱公司											
特货公司											

图 6-10　客运列车编组通知单

附录A 《铁路技术管理规程》相关规定

A.1 关于编组列车的规定

一、编组列车的一般要求

（1）列车应按本规程、列车编组计划和列车运行图规定的编挂条件、车组、重量或长度编组。

列车重量应根据机车牵引力、区段内线路状况及其设备条件确定。编组超重列车时，编组站、区段站应商得机务段调度员同意，在中间站应得到司机的同意，并均须经列车调度员准许。

列车长度应根据运行区段内各站到发线的有效长，并须预留 30 m 的附加制动距离确定。超长列车运行办法，由铁路局规定。

动车组以外的旅客列车按列车编组表编组，机车后第一位编挂一辆未搭乘旅客的车辆作为隔离车。行李车、邮政车、发电车等非乘坐旅客的车辆应分别挂于机车后第一位和列车尾部，起隔离作用；在装设集中联锁的区段，并设有列车运行监控装置时，旅客列车可不挂隔离车。如隔离车在途中发生故障摘下时，可无隔离车继续运行。局管内旅客列车经铁路局长批准，可不隔离。

军用列车的编组，按有关规定办理。

（2）动车组为固定编组。单组动车组运用状态下不得解编，两组短编组同型动车组可重联运行。救援等特殊情况下，两组不同型号的动车组可重联运行。

动车组禁止加挂各型机车车辆（无动力调车时的调车机、救援机车、无动力回送时的本务机车及回送过渡车除外）；动车组禁止编入其他列车。

超过检修期限的动车组禁止上线运行（经车辆部门鉴定的回送动车组除外）。

（3）下列机车车辆禁止编入列车：

① 插有扣修、倒装色票的及车体倾斜超过规定限度的；

② 曾经发生冲突、脱轨、火灾、爆炸或曾编入发生特别重大、重大、较大事故列车内以及在自然灾害中损坏，未经检查确认可以运行的；

③ 装载货物超出机车车辆限界，无挂运命令的；

④ 装载跨装货物（跨及两平车的汽车除外）的平车，无跨装特殊装置的；

⑤ 平车及敞车装载货物违反装载和加固技术条件的；

⑥ 未关闭侧开门、底开门以及平车未关闭端、侧板的（有特殊规定者除外）；

⑦ 由于装载的货物需停止自动制动机的作用，而未停止的；

⑧ 企业自备机车、车辆、自轮运转特种设备和城市轨道车辆、进出口机车车辆过轨时，未经铁路机车车辆人员检查确认的；

⑨ 缺少车门的（检修回送车除外）；

⑩ 超过定期检修期限的客车车辆（经车辆部门鉴定的回送客车除外）禁止编入旅客列车。

二、列车中车辆的编挂及列尾装置的摘挂规定

1. 列车中车辆的编挂规定

（1）装载危险、易燃等货物的车辆编入列车的隔离限制，按《铁路车辆编组隔离表》（附件 10）执行。编挂超限货物车辆或特种车辆时，按国家及铁路总公司规定或临时指示办理。

（2）旅客列车、回送客车底不准编挂货车，编入的客车车辆最高运行速度等级必须符合该列车规定的速度要求。

旅客列车中，与机车相连接的客车端门及编挂在列车尾部的客车后端门须加锁。动车组列车驾驶室与旅客乘坐席间的门须锁闭。

（3）客车编入货物列车回送时，客车编挂辆数不得超过 20 辆，应挂于列车中部或后部。

装有密接式车钩的客车原则上应附挂旅客列车回送。需附挂货物列车回送时，不得超过 10 辆，其后编挂的其他车辆不得超过 1 辆。

客车与平车、平集共用车以外的货车连挂时，不得与货车有人力制动机端连挂；客车与平车、平集共用车人力制动机端连挂时，平车、平集共用车的人力制动机不得使用，处于非工作状态。

机械冷藏车组应尽量挂于货物列车中部或后部。

军用及其他对编挂位置有特殊要求的客车按有关规定办理。

2. 列尾装置的摘挂及运用规定

（1）动车组以外的旅客列车应安装列尾装置。特殊情况下，无法安装或使用列尾装置时，应制定具体办法。

半自动闭塞区段货物列车尾部须挂列尾装置，其他区段货物列车尾部宜挂列尾装置。货物列车尾部未挂列尾装置时应以吊起尾部车辆软管代替尾部标志。尾部车辆软管的吊起，有列检作业的列车由列检人员负责，无列检作业的列车由车务人员负责。

（2）旅客列车列尾装置尾部主机的安装与摘解、风管及电源的连结与摘解，由车辆部门负责。

货物列车列尾装置尾部主机的安装与摘解，由车务人员负责。软管连结，有列检作业的列车，由列检人员负责；无列检作业的列车，由车务人员负责。特殊情况，由铁路局规定。

（3）列尾装置在使用前，必须按规定进行检测，合格后方可投入运用。

三、列车中机车编挂的规定

（1）工作机车应挂于列车头部，正向运行（牵引小运转、路用、救援列车的机车除外）；无转向设备的，可逆向运行。

双机或多机牵引时，本务机车的职务由第一位机车担当。

补机原则上应挂于本务机车的前位或次位，在特殊区段或需途中返回时，经铁路局批准，可挂于列车后部，如后部补机不接软管时，由铁路局规定保证安全办法。

（2）铁路局所属的内燃机车回送时，原则上采用有动力方式；电力机车跨交路区段回送时，原则上采用无动力方式。回送机车在交路区段外单机运行时，应派带道人员添乘。

铁路局所属的机车附挂回送时，原则上附挂货物列车；走行部和制动装置良好的客运机车（出入厂、段的修程机车除外）需附挂旅客列车跨铁路局回送时，按铁路总公司调度命令办理。

回送机车，应挂于本务机车次位，挂有重联机车时为重联机车次位。20‰及以上坡道的区段，禁止办理机车专列回送。

回送铁路救援起重机，应挂于列车后部。铁路救援起重机回送限制速度表见表 A–1，表 A–1 以外的按设计文件要求速度回送。

表 A–1　铁路救援起重机回送限制速度表

型　号	名　称	回送速度（km/h）
NS2000	200 t 伸缩臂式铁路救援起重机	120
	吊臂平车	120
NS1600	160 t 伸缩臂式铁路救援起重机（1 680 t·m）	120
	吊臂平车	120
NS1600	160 t 伸缩臂式铁路救援起重机（1 600 t·m）	120
	吊臂平车	120
NS1601	160 t 伸缩臂式铁路救援起重机	120
	吊臂平车	120
NS1602	160 t 伸缩臂式铁路救援起重机	120
	吊臂平车	120
N1601	160 t 固定臂式铁路救援起重机	85
	吊臂平车	85
N1602	160 t 固定臂式铁路救援起重机	85
	吊臂平车	85
NS1601G	160 t 伸缩臂式铁路救援起重机	120
	吊臂平车	120
NS1602G	160 t 伸缩臂式铁路救援起重机	120
	吊臂平车	120

续表

型 号	名 称	回送速度（km/h）
NS1251	125 t 伸缩臂式铁路救援起重机	120
	吊臂平车	120
NS1252	125 t 伸缩臂式铁路救援起重机	120
	吊臂平车	120
NS1001	100 t 伸缩臂式铁路救援起重机	80
	吊臂平车	80
N1002	100 t 固定臂式铁路救援起重机	80
	吊臂平车	80
NS100G	100 t 伸缩臂式铁路救援起重机	80
	吊臂平车	80

（3）单机挂车的辆数，线路坡度不超过 12‰的区段，以 10 辆为限；超过 12‰的区段，由铁路局规定。

单机挂车时，应遵守下列规定：

① 所挂车辆的自动制动机作用必须良好，发车前列检（无列检时由车站发车人员）按规定进行制动试验；

② 连挂前按规定彻底检查货物装载状态，并将编组顺序表和货运单据交与司机；

③ 在区间被迫停车后的防护工作由机车乘务组负责，开车前应确认附挂辆数和制动主管贯通状态是否良好；

④ 列车调度员应严格掌握，不得影响机车固定交路和乘务员劳动时间；

⑤ 不准挂装载爆炸品、超限货物的车辆。

单机挂车时，可不挂列尾装置。

四、机车车辆重量及长度的规定

（1）机车、车辆、铁路救援起重机编入列车时，重量及长度按表 A–2、表 A–3、表 A–4 确定。

表 A–2 机车重量及长度表

种类	机 型	自重（t）	换算长度	备 注
电力	SS_1	137	1.9	
	SS_{3B}	276	4.0	按双节计算
电力	SS_4	184	3.0	按双节计算
	SS_3、SS_6、SS_{6B}、SS_7、SS_{7B}、6K	138	2.0	
	SS_{7C}	132	2.0	

续表

种类	机 型	自重（t）	换算长度	备 注
电力	SS_{7D}、SS_{7E}、SS_9	126	2.0	
	SS_8	87/89	1.6	无列车供电/有列车供电
	8G、DJ_1	184	3.2	按双节计算
	8K	184	3.4	按双节计算
	HXD_1	200	3.2	按双节计算
	HXD_2	200	3.5	按双节计算
	HXD_{1B}、HXD_{2B}、HXD_{3B}	150	2.1	
	HXD_{1C}、HXD_{2C}	138/150	2.1	
	HXD_3、HXD_{3C}	138/150	1.9	
	HXD_{1D}、HXD_{3D}	126	2.1	
内燃	DF_4、DF_{4B}、DF_{4C}、DF_{4D}	127	1.9	
	DF_5、DF_7、DF_{7B}、DF_{7C}	130	1.7	
	DF_{7D}	132	1.7	山区型自重127 t，双司机室机车换长1.8
	DF_{7E}	145	1.8	
	DF_{7G}	132	1.8	
	DF_8	130	2.0	
	DF_{8B}	131	2.0	25 t轴重DF_{8B}自重139 t
	DF_{11}	133	1.9	
	DF_{11G}	133	2.0	
	DFH_2	58	1.2	
	DFH_3	84	1.7	
	DFH_5	81	1.4	
	BJ	84	1.5	
	ND_2	114	1.6	
	ND_3	122	1.7	
	ND_5	126	1.8	
	NY_6、NY_7	124	2.1	
	HXN_5	150	2.1	
	HXN_3	150	2.0	
	NJ_2	138	1.9	

表 A-3 车辆重量及长度

1. 客　　车		
客车种类	平均每辆总重量（t）	平均每辆换算长度
各种客车	按车体外部标记计算	按车体外部标记计算
2. 货　　车		
货车种类	平均每辆自重（t）	平均每辆换算长度
标记载重 60 t 四轴棚车（P_{62K}、P_{63K}）	24.0	1.5
标记载重 58 t 四轴棚车（P_{64K}）	25.4	1.5
标记载重 58 t 四轴棚车（P_{64AK}）	25.7	1.5
标记载重 58 t 四轴棚车（P_{65}）	26.0	1.5
标记载重 70 t 四轴棚车（P_{70}）	24.9	1.6
标记载重 60 t 四轴敞车（CF、CF_K）	22.4	1.2
标记载重 60 t 四轴敞车（C_{62A}、C_{62AK}）	21.7	1.2
标记载重 60 t 四轴敞车（C_{62B}、C_{62BK}）	22.3	1.2
标记载重 61 t 四轴敞车（C_{63}、C_{63A}）	22.5	1.1
标记载重 61 t 四轴敞车（C_{64K}）	23.0	1.2
标记载重 60 t 四轴敞车（C_{61}）	23.0	1.1
标记载重 70 t 四轴敞车（C_{70}）	23.8	1.3
标记载重 70 t 四轴敞车（C_{70E}）	24.0	1.3
标记载重 80 t 四轴敞车（C_{80}、C_{80B}）	20.0	1.1
标记载重 100 t 六轴敞车（C_{100A}、C_{100AH}）	26.0	1.4
标记载重 50 t 四轴集装箱平车（X_{1K}）	19.8	1.3
标记载重 60 t 四轴集装箱平车（X_{6A}）	17.8	1.3
标记载重 60 t 四轴集装箱平车（X_{6K}）	18.0	1.2
标记载重 70 t 四轴集装箱平车（X_{4K}）	21.8	1.8
标记载重 70 t 四轴集装箱平车（X_{70}）	22.4	1.2
标记载重 80 t 四轴集装箱平车（X_{2K}）	22.0	1.8
标记载重 60 t 四轴平车（N_{17AK}）	21.0	1.3
标记载重 60 t 四轴平车（N_{17GK}）	21.9	1.3
标记载重 60 t 四轴平车（N_{17K}）	20.5	1.3
标记载重 60 t 四轴平集共用车（NX_{17AK}）	22.9	1.3
标记载重 60 t 四轴平集共用车（NX_{17K}）	22.4	1.3
标记载重 60 t 四轴平集共用车（NX_{17BK}）	22.9	1.5

续表

2. 货　　车		
货车种类	平均每辆自重（t）	平均每辆换算长度
标记载重 70 t 四轴平集共用车（NX_{70}）	23.8	1.5
标记载重 70 t 四轴平集共用车（NX_{70A}）	23.8	1.3
标记载重 53 t 四轴罐车（G_{60K}）	21.0	1.1
标记载重 60 t 四轴罐车（G_{70K}）	20.4	1.1
标记载重 70 t 四轴罐车（GQ_{70}）	23.6	1.1
标记载重 70 t 四轴罐车（GN_{70}）	23.8	1.1
标记载重 70 t 四轴罐车（GHA_{70}）	23.8	1.2
标记载重 70 t 四轴氧化铝粉罐车（GF_{70}）	23.6	1.2
标记载重 50 t 四轴毒品车（W_{5SK}）	26.5	1.5
标记载重 60 t 四轴毒品车（W_{6S}）	24.6	1.5
标记载重 70 t 四轴毒品车（W_{70S}）	25.2	1.6
标记载重 60 t 石碴车（K_{13K}）	21.5	1.1
标记载重 70 t 石碴车（KZ_{70}）	23.8	1.1
标记载重 60 t 煤炭漏斗车（K_{18K}）	24.0	1.3
标记载重 70 t 煤炭漏斗车（KM_{70}）	23.8	1.3
标记载重 60 t 散装粮食车（L_{17K}）	23.5	1.3
标记载重 60 t 散装粮食车（L_{18}）	23.8	1.3
标记载重 70 t 散装粮食车（L_{70}）	24.8	1.5
标记载重 60 t 散装水泥车（U_{60}）	26.0	1.2
标记载重 60 t 散装水泥车（U_{60WK}）	24.5	1.1
标记载重 60 t 散装水泥车（U_{61WK}）	22.3	1.1
标记载重 20 t 双层小汽车运输车（SQ_5）	37.0	2.4
标记载重 22 t 双层小汽车运输车（SQ_6）	36.2	2.4
标记载重 40 t 机械冷藏车（B_{10A}）	41.1	2.0

注：1. 旅客列车重量按客车总重（包括旅客及行李的重量）计算，回送空客车按自重计算。

2. 列车中其他各型货车的自重及换算长度和货物的重量按《铁路货车统计规则》规定计算。

3. 机车、车辆长度的计算，以前后两钩舌内侧面距离按 11 m 为换算单位（一辆），各型机车、车辆按上述换算单位得出的比值，称为换算长度。

表 A–4 铁路救援起重机重量及长度表

型号	名称	自重（t）	换算长度
NS2000	200 t 伸缩臂式铁路救援起重机	208	1.5
	吊臂平车	45	2.2
NS1600	160 t 伸缩臂式铁路救援起重机（1 600 t・m）	192	1.4
	160 t 伸缩臂式铁路救援起重机（1 680 t・m）	205	1.4
	吊臂平车	45	2.2
NS1601	160 t 伸缩臂式铁路救援起重机	186.4	1.1
	吊臂平车	42	2.2
NS1602	160 t 伸缩臂式铁路救援起重机	184	1.1
	吊臂平车	38	1.8
N1601	160 t 固定臂式铁路救援起重机	187	1.1
	吊臂平车	38	1.9
N1602	160 t 固定臂式铁路救援起重机	190	1.1
	吊臂平车	40	2.2
NS1601G	160 t 伸缩臂式铁路救援起重机	186.4	1.1
	吊臂平车	38	1.9
NS1602G	160 t 伸缩臂式铁路救援起重机	186.4	1.1
	吊臂平车	40	2.2
NS1251	125 t 伸缩臂式铁路救援起重机	139	1.0
	吊臂平车	40	1.9
NS1252	125 t 伸缩臂式铁路救援起重机	138	1.1
	吊臂平车	40	1.9
NS1001	100 t 伸缩臂式铁路救援起重机	138	1.0
	吊臂平车	32	1.8
N1002	100 t 固定臂式铁路救援起重机	132	1.0
	吊臂平车	31.4	1.8
NS100G	100 t 伸缩臂式铁路救援起重机	140	1.0
	吊臂平车	32	1.8

（2）动车组的长度、重量及最高运行速度按表 A–5 规定。

表 A–5 动车组长度、重量及最高运行速度表

动车组类型	换算长度	整备重量（t）	计算重量（t）	最高运行速度（km/h）
CRH1A-200	19.4	429.7	483.1	200
CRH1A-250	19.4	432.6	483.1	250
ARH1A-A	18.6	431.0	480.0	250
CRH1B	38.8	857.6	961.5	250
CRH1E（不锈钢车体）	38.8	887.8	942.2	250
CRH1E（铝合金车体）	37.2	910.9	987.0（按座票定员）	250
CRH2A	18.3	375.8	425.9	250
CRH2B	36.5	745.3	846.3	250
CRH2E	36.5	813.1	869.8	580
CRH2E（纵向卧铺车）	37.5	836.2	915.4	250
CRH2G	18.3	393.3	442.3	250
CRH3A	19.1	438.9	487.9	250
CRH5A	19.2	430.0	479.7	250
CRH5G	19.2	429.0	478.0	250
CRH5E	38.0	927.3	999.9	250
CRH2C 一阶段	18.3	381.8	431.9	310
CRH2C 二阶段	18.3	401.5	451.6	350
CRH3C	18.2	432.0	476.6	310/350
CRH380A	18.5	411.4	452.3	350
CRH380AL	36.6	836.5	924.4	350
CRH380B	18.5	450.8	495.3	350
CRH380BG	18.5	454.9	499.4	350
CRH380BL	36.3	893.1	977.3	350
CRH380CL	36.4	902.8	987.0	350
CRH380D	19.6	464.7	510.0	350
CRH400AF	19.0	427.8	472.3	350
CRH400BF	19.0	461.8	506.3	350
CRH6F	18.3	383.4	471.6	160
CRH6A	18.3	382.2	417.9	200

注：CRH3C 型动车组齿轮箱传动比为 2.793 1 时，最高运行速度为 310 km/h；齿轮箱传动比为 2.429 时，最高运行速度为 350 km/h。

五、列车制动限速及其编组要求

（1）动车组以外的列车的换算闸瓦压力，按表 A–6、表 A–7 规定计算。

表 A–6 机车计算重量及每台换算闸瓦压力表

种类	机　型	计算重量（t）	换算闸瓦压力（kN）
电力	SS_3、SS_6	138	700
	SS_1	138	830
	SS_{3B}、SS_{6B}	138	680
	SS_4	184	900
	SS_7	138	1 100
	SS_{7E}、SS_9	126	770
	SS_8	90	520
	DJ_1	184	1 120
	6K	138	780
	8G、8K	184	880
	HXD_1、HXD_2	200	900（320）
	HXD_{1B}、HXD_{2B}、HXD_{3B}	150	680（240）
	HXD_{1C}、HXD_{2C}、HXD_3、HXD_{3C}	138/150	680（240）
	HXD_{1D}、HXD_{3D}	126	790（280）
内燃	DF_4、DF_5、DF_7、DF_8、DF_{11}	138	680
	DF_{11G}、DF_{11Z}	145	770
	DF_{7B}、DF_{7C}、DF_{7D}	138	680
	DF_{8B}	150	900
	BJ	90	680
	ND_5	135	800
	HXN_5、HXN_3	150	680（240）
	NJ_2	138	620（220）

注：1. 表中为按铸铁闸瓦换算闸瓦压力。

2. 新型机车根据 120 km/h 速度下紧急制动距离在 1 100 m 以内的要求计算，括弧内为按 H 高摩合成闸瓦换算闸瓦压力。

表 A–7　车辆换算闸瓦压力表

<table>
<tr><th rowspan="3">种类</th><th rowspan="3" colspan="3">车　型</th><th colspan="3">每辆换算闸瓦压力（kN）</th></tr>
<tr><th colspan="2">自动制动机列车主管压力</th><th rowspan="2">人力制动机</th></tr>
<tr><th>500 kPa</th><th>600 kPa</th></tr>
<tr><td rowspan="10">客车</td><td>普通客车（120 km/h）</td><td colspan="2">（踏面制动）</td><td></td><td>（350）</td><td>（80）</td></tr>
<tr><td rowspan="9">新型客车（盘形制动，120 km/h，140 km/h，160 km/h）</td><td rowspan="4">120 km/h</td><td>自重 41～45 t</td><td></td><td>137（412）</td><td rowspan="4">13</td></tr>
<tr><td>自重 46～50 t</td><td></td><td>147（441）</td></tr>
<tr><td>自重 51～55 t</td><td></td><td>159（477）</td></tr>
<tr><td>自重≥56 t</td><td></td><td>173（519）</td></tr>
<tr><td colspan="2">双层</td><td></td><td>178（534）</td><td>13</td></tr>
<tr><td rowspan="4">140 km/h 及 160 km/h</td><td>自重 41～45 t</td><td></td><td>146（438）</td><td rowspan="4">13</td></tr>
<tr><td>自重 46～50 t</td><td></td><td>156（468）</td></tr>
<tr><td>自重 51～55 t</td><td></td><td>167（501）</td></tr>
<tr><td>自重≥56 t</td><td></td><td>176（528）</td></tr>
<tr><td colspan="4">特快货物班列中的车辆（盘形制动，160 km/h）</td><td></td><td>180（540）</td><td>13</td></tr>
<tr><td rowspan="8">货车</td><td rowspan="2">快速货物班列中的车辆（18 t 轴重）</td><td colspan="2">重车位</td><td></td><td>140</td><td>40</td></tr>
<tr><td colspan="2">空车位</td><td></td><td>55</td><td>40</td></tr>
<tr><td rowspan="2">普通货车（21 t 轴重）</td><td colspan="2">重车位</td><td>145</td><td>165</td><td>40</td></tr>
<tr><td colspan="2">空车位</td><td>60</td><td>70</td><td>40</td></tr>
<tr><td rowspan="2">普通货车（23 t 轴重）</td><td colspan="2">重车位</td><td>160</td><td>180</td><td>40</td></tr>
<tr><td colspan="2">空车位</td><td>65</td><td>75</td><td>40</td></tr>
<tr><td rowspan="2">重载货车（25 t 轴重）</td><td colspan="2">重车位</td><td>170</td><td>195</td><td>50</td></tr>
<tr><td colspan="2">空车位</td><td>70</td><td>80</td><td>50</td></tr>
</table>

注：1. 按 H 高摩合成闸瓦计算，括弧内为按铸铁闸瓦计算。

2. 空重车自动调整装置的空重位压力比为 1:2.5；对装有空重车手动调整装置的车辆，当车辆总重（自重＋载重）达到 40 t 时，按重车位调整。

3. 旅客列车、特快及快速货物班列自动制动机主管压力为 600 kPa；其他列车为 500 kPa。长大下坡道区段货物列车及重载货物列车的自动制动机主管压力，由铁路局根据管内相关试验结果和列车实际操纵需要可提高至 600 kPa；遇机车换挂需将自动制动机列车主管压力由 600 kPa 改为 500 kPa 时，摘机前应对列车主管实施一次 170 kPa 的最大减压量操纵。

4. 快运货物班列车辆和货车以外的其他车辆，在列车主管压力为 500 kPa 时的闸瓦压力，按 600 kPa 时的闸瓦压力的 1:1.15 换算。

列车制动限速受每百吨列车重量换算闸瓦压力及下坡道坡度限制。计算制动距离 800 m 的普通货物列车（计长 88.0 及以下列车）按表 A–8 规定；计算制动距离 1 400 m 的 120 km/h

货物列车按表 A–9 规定；快速货物班列按表 A–10 规定。普通旅客列车按表 A–11 规定；140 km/h 旅客列车按表 A–12 规定；160 km/h 旅客列车按表 A–13 规定。列车下坡道制动限速随下坡道千分数的增加而递减，坡道每增加 1‰，限速减少 1 km/h 左右。

表 A–8　普通货物列车制动限速表（km/h）
（计算制动距离 800 m，H 高摩合成闸瓦/L 低摩合成闸瓦）

P / v / i	每百吨列车重量（机车除外）的换算闸瓦压力（kN）													
	100	120	140	160	180	200	220	240	260	280	300	320	340	360
0	78/55	83/59	88/63	94/66	/69	/72	/75	/78	/81	/83	/85	/87	/89	/91
1	76/53	81/57	87/61	93/64	/67	/71	/74	/77	/80	/82	/84	/86	/88	/90
2	75/52	80/56	86/60	92/63	/66	/70	/73	/76	/79	/81	/83	/85	/87	/89
3	74/51	79/55	85/58	91/61	/65	/69	/72	/75	/78	/81	/83	/85	/87	/89
4	73/49	78/53	84/57	90/60	95/64	/68	/71	/74	/77	/80	/82	/84	/86	/88
5	72/48	77/52	83/55	89/59	94/63	/67	/70	/73	/76	/79	/81	/83	/85	/87
6	71/46	76/50	82/54	88/58	93/62	/66	/69	/72	/75	/78	/80	/82	/84	/86
7	70/44	75/48	81/52	87/56	92/60	/64	/67	/71	/74	/77	/80	/82	/84	/86
8	69/43	74/47	80/51	86/55	91/59	/63	/67	/70	/73	/76	/79	/81	/83	/85
9	68/41	73/46	79/50	85/54	90/58	/62	/66	/69	/72	/75	/78	/80	/82	/84
10	67/39	72/44	78/49	84/53	89/57	95/61	/65	/68	/71	/74	/77	/79	/81	/83
11	65/37	70/42	76/47	82/51	87/55	93/60	/64	/67	/70	/73	/76	/78	/80	/82
12	64/36	69/41	75/45	81/50	86/54	92/59	/63	/66	/69	/72	/75	/77	/79	/81
13	63/34	68/39	74/43	80/48	85/53	91/58	/62	/65	/68	/71	/74	/76	/78	/80
14	61/32	67/37	72/42	78/47	84/52	90/57	/61	/64	/67	/70	/73	/75	/77	/79
15	60/31	66/36	71/41	77/46	83/51	89/55	95/59	/63	/67	/70	/72	/74	/76	/78
16	59/30	65/35	70/40	76/45	82/50	88/54	94/58	/62	/66	/69	/71	/73	/75	/77
17	58/28	64/33	69/38	75/43	81/48	87/53	93/57	/61	/65	/68	/70	/73	/75	/77
18	56/27	62/32	68/37	74/42	80/47	86/52	92/56	/60	/64	/67	/70	/72	/74	/76
19	55/26	61/31	67/36	73/41	79/46	85/50	91/55	/59	/63	/66	/69	/71	/73	/75
20	54/24	60/29	66/34	72/39	78/44	84/49	90/54	95/58	/62	/65	/68	/71	/73	/75

注：1. 根据表 A–7 普通货物列车最高速度为 90 km/h 时，每百吨列车重量按 H 高摩合成闸瓦换算闸瓦压力不得低于 150 kN。

2. 列车装备条件：H 高摩合成闸瓦/L 低摩合成闸瓦。

3. 对于超过 20‰的下坡道，列车制动限速表由铁路局根据实际试验规定。

4. i 为下坡道千分数（‰）；P 为每百吨列车重量的换算闸瓦压力，单位 kN；v 为货物列车制动限速，单位 km/h。

5. 适用计长 88.0 及以下、速度 90 km/h 及以下的货物列车（快速货物班列除外）。

表 A–9　120 km/h 货物列车制动限速表（km/h）
（计算制动距离 1 400 m，H 高摩合成闸瓦）

P / v / i	每百吨列车重量（机车除外）的换算闸瓦压力（kN）						
	140	150	160	170	180	190	200
0	120						
1	119						
2	118						
3	117						
4	115	119					
5	114	118					
6	113	117					
7	112	116	119				
8	110	114	118				
9	109	113	117				
10	108	112	116	119			
11	106	110	114	117			
12	105	109	113	116			
13	104	108	112	115			
14	102	106	110	114	117		
15	101	105	109	113	116		
16	100	104	108	112	115		
17	98	102	106	110	114		
18	97	101	105	109	113	116	
19	96	100	104	108	112	115	
20	95	99	103	107	111	114	117

注：1. 根据表 A–7 普通货物列车最高速度为 120 km/h 时，每百吨列车重量按 H 高摩合成闸瓦换算闸瓦压力不得低于 150 kN。

2. 由于制动热负荷限制，最高速度不超过 120 km/h。

3. 本表中的闸瓦压力为按照 H 高摩合成闸瓦的换算闸瓦压力。

4. i 为下坡道千分数（‰）；P 为每百吨列车重量的换算闸瓦压力，单位 kN；v 为货物列车制动限速，单位 km/h。

5. 适用计长 88.0 及以下、速度 120 km/h 的货物列车（快速货物班列除外）。

表 A–10 快速货物班列制动限速表（km/h）
（计算制动距离 1 100 m，H 高摩合成闸瓦，30 辆以下编组，18 t 轴重）

P / v / i	每百吨列车重量（机车除外）的换算闸瓦压力（kN）							
	130	140	150	160	170	180	190	200
0	106	109	113	116	119			
1	105	108	112	115	118			
2	104	107	111	114	117			
3	103	106	110	113	116	119		
4	102	105	109	112	115	118		
5	100	103	107	111	114	117	120	
6	99	102	106	110	113	116	119	
7	98	101	105	109	112	115	118	
8	97	100	104	108	111	114	117	
9	96	99	103	107	110	113	116	119
10	94	98	101	105	108	111	115	118
11	93	97	100	104	107	110	114	117
12	92	96	99	103	106	109	113	116
13	91	95	98	102	105	109	112	115
14	90	94	97	101	104	108	111	114
15	88	92	95	99	103	107	110	113
16	87	91	94	98	102	106	109	112
17	86	90	94	98	101	105	108	111
18	85	89	93	97	100	104	107	110
19	84	88	92	96	99	103	106	109
20	82	86	90	94	98	102	105	108

注：1. 根据表 A–7 快速货物班列最高速度为 120 km/h 时，每百吨列车重量按 H 高摩合成闸瓦换算闸瓦压力不得低于 175 kN。

2. 由于制动热负荷限制，最高速度不超过 120 km/h。

3. 本表中的闸瓦压力为按照 H 高摩合成闸瓦的换算闸瓦压力。

4. i 为下坡道千分数（‰）；P 为每百吨列车重量的换算闸瓦压力，单位 kN；v 为货物列车制动限速，单位 km/h。

表 A–11 旅客列车制动限速表（km/h）

（计算制动距离 800 m，高磷铸铁闸瓦）

P / v / i	每百吨列车重量的换算闸瓦压力（kN）													
	500	520	540	560	580	600	620	640	660	680	700	720	740	760
0	106	107	109	110	111	112	113	114	115	116	117	118	119	120
1	105	107	108	109	110	111	113	114	115	116	117	118	118	119
2	105	106	107	109	110	111	112	113	114	115	116	117	118	118
3	104	105	107	108	109	110	111	112	114	115	116	117	117	118
4	103	105	106	107	109	110	111	112	113	114	115	116	117	117
5	102	104	106	107	108	109	110	111	112	113	114	115	116	116
6	102	104	105	106	107	109	110	111	112	113	114	115	116	116
7	101	103	104	106	107	108	109	110	111	112	113	114	115	115
8	100	102	103	105	106	107	109	110	111	112	113	114	115	115
9	99	101	102	104	105	107	108	109	110	111	112	113	114	114
10	98	100	102	103	104	106	107	109	110	111	112	112	113	113
11	97	99	101	103	104	105	107	108	109	110	111	112	113	113
12	97	99	101	102	103	105	106	107	109	110	111	111	112	112
13	96	98	100	102	103	104	106	107	108	109	110	111	112	112
14	96	98	100	101	102	104	105	106	107	109	110	110	111	111
15	95	97	99	101	102	103	105	106	107	108	109	110	111	111
16	95	97	99	100	101	103	104	105	106	107	108	109	110	110
17	94	96	98	100	101	102	103	105	106	107	108	109	109	110
18	94	96	98	99	100	102	103	104	105	106	107	108	108	109
19	93	95	97	99	100	101	102	103	104	105	106	107	108	109
20	93	95	97	98	99	100	101	102	103	104	105	106	107	108

注：1. 每百吨列车重量的闸瓦压力低于 760 kN 需限速运行。例如 22 型客车（踏面制动）编成列车在每百吨列车重量的闸瓦压力 660 kN 条件下的制动限速为 115 km/h。

2. 对于超过 20‰的下坡道，列车制动限速由铁路局根据实际试验规定。

3. i 为下坡道千分数（‰）；P 为每百吨列车重量的换算闸瓦压力，单位 kN；v 为旅客列车制动限速，单位 km/h。

4. 本表每百吨列车重量的换算闸瓦压力计算包括机车。

5. 本表适用 120 km/h 旅客列车。

表 A-12 140 km/h 旅客列车制动限速表（km/h）
（计算制动距离 1 100 m，盘形制动）

P / v / i	每百吨列车重量的换算闸瓦压力（kN）							
	230	240	250	260	270	280	290	300
0	138	140						
1	137	139						
2	136	138						
3	135	137	140					
4	135	137	139					
5	134	136	138					
6	133	135	137	140				
7	132	134	136	139				
8	132	134	136	139				
9	131	133	135	138				
10	130	132	134	137	140			
11	129	131	133	136	139			
12	128	130	132	135	138			
13	128	130	132	134	137	140		
14	127	129	131	133	136	139		
15	126	128	130	132	135	138		
16	125	127	129	131	134	137	140	
17	125	127	129	131	134	137	139	
18	124	126	128	130	133	136	139	
19	123	125	127	129	132	135	138	
20	122	124	126	128	131	134	137	139

注：1. 新型客车（盘形制动）每百吨列车重量按高摩合成闸片换算闸瓦压力应在 275 kN 以上。

2. 对于超过 20‰的下坡道，列车制动限速由铁路局根据实际试验规定。

3. i 为下坡道千分数（‰）；P 为每百吨列车重量的换算闸瓦压力，单位 kN；v 为旅客列车制动限速，单位 km/h。

4. 本表每百吨列车重量的换算闸瓦压力计算包括机车。

表 A–13　160 km/h 旅客列车制动限速表（km/h）
（计算制动距离 1 400 m，盘形制动）

P / *v* / *i*	每百吨列车重量的换算闸瓦压力（kN）								
	230	240	250	260	270	280	290	300	310
0	155	158	160						
1	154	157	159						
2	153	156	159						
3	152	155	158	160					
4	151	154	157	159					
5	150	153	156	159					
6	149	152	155	158	160				
7	148	151	154	157	159				
8	147	150	153	156	159				
9	146	149	152	155	158	160			
10	146	149	152	155	157	159			
11	145	148	151	154	156	159			
12	144	147	150	153	155	158	160		
13	143	146	149	152	155	157	159		
14	142	145	148	151	154	156	158		
15	141	144	147	150	153	155	157	160	
16	140	143	146	149	152	154	157	159	
17	139	142	145	148	151	154	156	159	
18	138	141	144	147	150	153	155	158	160
19	137	140	143	146	149	152	154	157	159
20	137	140	143	146	149	151	153	156	158

注：1. 新型客车（盘形制动）每百吨列车重量按高摩合成闸片换算闸瓦压力应在 275 kN 以上。

2. 对于超过 20‰的下坡道，列车制动限速由铁路局根据实际试验规定。

3. *i* 为下坡道千分数（‰）；*P* 为每百吨列车重量的换算闸瓦压力，单位 kN；*v* 为旅客列车制动限速，单位 km/h。

4. 本表每百吨列车重量的换算闸瓦压力计算包括机车。

5. 本表也适用特快货物班列。

（2）列车中的机车和车辆的自动制动机，均应加入全列车的制动系统。

货物列车中因装载的货物规定需停止制动作用的车辆，自动制动机临时发生故障的车辆，准许关闭截断塞门（简称关门车），但列检作业场所在站编组始发的列车中，不得有制动故障关门车。编入列车的关门车数不超过现在车总辆数的 6%（尾数不足一辆按四舍五入计算）时，可不计算每百吨列车重量的换算闸瓦压力，不填发制动效能证明书；超过 6%时，按第 261 条规定计算闸瓦压力，并填发制动效能证明书交与司机。关门车不得挂于机车后部三辆车之内；在列车中连续连挂不得超过两辆；列车最后一辆不得为关门车；列车最后第二、三辆不得连续关门。对于不适于连挂在列车中部但走行部良好的车辆，经列车调度员准许，可挂于列车尾部，以一辆为限，如该车辆的自动制动机不起作用时，须由车辆人员采取安全措施，保证不致脱钩。

旅客列车、特快货物班列不准编挂关门车。在运行途中（包括在站折返）如遇自动制动机临时故障，在停车时间内不能修复时，准许关闭一辆，但列车最后一辆不得为关门车，120 km/h 速度等级及编组小于 8 辆的 140 km/h、160 km/h 速度等级列车按规定关门时需限速运行，车辆乘务员须向司机递交限速证明书。

编有货车的军用列车、路用列车编挂关门车时，除有特殊规定外，执行货物列车的规定。

（3）列车在任何线路上的紧急制动距离限值按表 A–14 规定。

表 A–14　列车在任何线路上的紧急制动距离限值

列车类型	最高运行速度（km/h）	紧急制动距离限值（m）
旅客列车（动车组列车除外）	120	800
	140	1 100
	160	1 400
特快货物班列	160	1 400
快速货物班列	120	1 100
货物列车（货车轴重＜25 t，快速货物班列除外）	90	800
	120	1 400
货物列车（货车轴重≥25 t）	100	1 400

六、列车中车辆的连挂、检查及修理规定

1. 列车中车辆的连挂规定

（1）动车组以外的列车中相互连挂的车钩中心水平线的高度差，不得超过 75 mm。

（2）列车中车辆的连挂，由调车作业人员负责。软管的连结，有列检作业的始发列车由列检人员负责；无列检作业的，由调车作业人员负责。

动车组采用机车调车作业时，随车机械师或动车段（所）胜任人员负责过渡车钩和专用

风管的安装与拆卸、电气连接线的连结与摘解并打开车门，调车人员负责车钩连结与摘解、软管摘结。

动车组无动力回送或被救援时，过渡车钩、专用风管的安装与拆卸由随车机械师负责，司机配合。

（3）列车机车与第一辆车的连挂，由机车乘务员负责。单班单司机值乘的由列检人员负责；无列检作业的列车，由车辆乘务员负责；无车辆乘务员的列车，由车站人员负责。

列车机车与第一辆车的车钩摘解、软管摘结，由列检人员负责。无列检作业的列车，车钩、软管摘解由机车乘务员（单班单司机值乘的由车辆乘务员）负责，软管连结由车辆乘务员负责；无车辆乘务员的列车，由机车乘务员（单班单司机值乘的由车站人员）负责。

列车机车与第一辆车电气连接线的连结与摘解由客列检作业人员负责，无客列检作业人员时，由车辆乘务员负责。

货物列车本务机车在车站调车作业时，无论单机或挂有车辆，与本列的车辆摘挂和软管摘结，均由调车作业人员负责。

旅客列车在途中摘挂车辆时，车辆的摘挂和软管摘结，由调车作业人员负责，密封风挡和电气连接线的连结与摘解由车辆乘务员负责，其他由列检作业人员负责，无列检作业人员时，由车辆乘务员负责，必要时打开车门，以便于调车作业。装有密接式车钩的客车车辆摘挂时，过渡车钩的安装与拆卸由列检人员负责，无列检人员时由车辆乘务员负责。

列车机车与动车组过渡车钩的连结与摘解、软管摘结、电气连接线的连结与摘解，由随车机械师负责。

（4）两列动车组重联或解编时，由动车组机械师负责引导，司机确认。动车组重联时，被控动车组应退出占用，主控动车组使用调车模式与被控动车组连接。解编操作时，主控动车组转换为调车模式后，必须一次移动 5 m 以上方可停车。

2. 列车中的车辆检查及修理规定

（1）列检作业应按规定范围和技术作业过程进行。货物列车停车技术作业的，检查与修理应有分工，现场检查和修理应进行平行作业；不停车技术作业的，应对危及行车安全的车辆故障及时报告拦停，并由故障专修人员对故障进行确认和处理。应积极利用专用修理机具在列车或车列中修理车辆故障，减少摘车临修，充分利用技术作业时间并在规定时间内完成技术作业，保证发出列车符合质量标准。应建立车辆故障诊断指导组，对途中车辆故障进行远程诊断、指导和故障处置确认。

无列检车站始发的货物列车，应在途经第一个列检作业场安排停车技术作业。对长期不经列检进行停车技术作业的固定编组、循环使用车组，铁路局应按照列检安全保证距离的要求，制定上述车组的列车技术作业办法，跨局运行时由相邻铁路局联合制定。

动车组运行（含回送）途中不进行客列检作业。

（2）车辆编入列车须达到运用状态。下列主要部件，必须作用良好，并符合质量要求。

① 转向架：

a）轮对、轴承、摇枕、侧架（构架）、弹簧、吊轴、制动盘；

b）同一转向架旁承游间左右之和（弹性旁承及旁承承载结构的除外），客车为 2～6 mm，货车为 2～20 mm；常接触式旁承上下无间隙；

c）车辆轮对的允许限度应符合表 A-15 的要求。

表 A–15 车辆轮对的允许限度

项目 \ 允许限度（mm） \ 分类			客车	货车
车轮轮辋厚度	客车各型		≥25	
	货车	无辐板孔		≥23
		有辐板孔		≥24
车轮轮缘厚度			≥23	≥23
车轮轮缘垂直磨耗（接触位置）高度			≤15	≤15
车轮踏面擦伤及局部凹下深度	滚动轴承		本属客车出库 ≤0.5	≤1
			外属客车出库 ≤1	
			途中运行 ≤1.5	
	滑动轴承			≤2
车轮踏面剥离长度	滚动轴承	一处时	≤30	≤50
		二处时（每一处）	≤20	≤40
	滑动轴承	一处时		≤70
		二处时（每一处）		≤60
车轮踏面圆周磨耗深度			≤8	≤8

② 自动制动机、人力制动机和货车的自动制动机空重车调整装置状态良好、位置正确，制动梁及吊、各拉杆、杠杆无裂损。

制动缸活塞行程按表 A–16 规定。

表 A–16 制动缸活塞行程

项 目 名 称			限度（mm）	备 注	
装有自动间隙调整器的复式闸瓦客车			175～205		
装有 ST1–600 型闸调器的复式闸瓦客车			180～200		
装有闸调器的单式闸瓦货车	356×254 制动缸	空车位	115～135	未装闸调器（mm）	85～135
		重车位	125～160		110～160
	305×254 制动缸	空车位	145～165		
		重车位	145～195		
	254×254 制动缸	空车位	145～165		
		重车位	145～195		
	203×254 制动缸	空车位	115～145		
		重车位	125～160		

续表

<table>
<tr><th colspan="3">项　目　名　称</th><th>限度（mm）</th><th>备　注</th></tr>
<tr><td rowspan="3">装有闸调器的复式闸瓦货车</td><td rowspan="2">B_{21}、B_{22-1} 型车</td><td>空车位</td><td>120～130</td><td></td></tr>
<tr><td>重车位</td><td>150～160</td><td></td></tr>
<tr><td colspan="2">B_{19}、B_{22-2}、B_{23} 型车</td><td>130～150</td><td>不分空重车位</td></tr>
</table>

③ 车钩、尾框、从板座、缓冲器无裂损。

车钩中心水平线至钢轨顶面高度按表 A–17 规定。

表 A–17　车钩中心水平线至钢轨顶面高度

<table>
<tr><th>项目</th><th>车种</th><th>高度（mm）</th></tr>
<tr><td>最大</td><td>客车、货车</td><td>890</td></tr>
<tr><td rowspan="3">最小</td><td>空货车</td><td>835</td></tr>
<tr><td>客车</td><td>830</td></tr>
<tr><td>重货车</td><td>815</td></tr>
</table>

④ 车底架的中、侧、枕、端梁无裂损，罐体卡带无裂损、无松动，罐体无漏泄。

车体的弯曲下垂、胀出、倾斜允许限度按表 A–18 规定。

表 A–18　车体的弯曲下垂、胀出、倾斜允许限度

<table>
<tr><th rowspan="2">分类 / 允许限度（mm） / 项目</th><th rowspan="2">客车</th><th colspan="2">货　车</th></tr>
<tr><th>空</th><th>重</th></tr>
<tr><td>中、侧梁在枕梁间下垂</td><td></td><td>40</td><td>80</td></tr>
<tr><td>敞车车体胀出</td><td></td><td>80</td><td>150</td></tr>
<tr><td>车体倾斜</td><td>50</td><td colspan="2">75</td></tr>
</table>

（3）上线运营的动车组须符合出所质量标准。遇下述情况时，须安排动车组试运行：

① 新型动车组运营、新线开通前；

② 动车组新造出厂、高级检修修竣后；

③ 临修更换转向架、轮对、万向轴、主变压器、牵引电机后；

④ 重要部件、软件加装、升级后。

（4）在有列检作业的车站，发现列车中有技术不良的车辆，因条件限制不能修理时，应由列车中摘下修理。在其他车站发现列车中有技术不良的车辆，因特殊情况不能摘下时，如能确保行车安全，经车辆调度员同意，可回送到指定地点进行处理。

动车组列车运行途中遇空气弹簧故障时，运行速度不得超过 160 km/h（CRH2、CRH380A/AL型为 120 km/h），其他旅客列车运行途中遇车辆空气弹簧故障时，运行速度不得超过 120 km/h。采用密接式车钩的旅客列车，在运行途中因故障更换 15 号过渡车钩后，运行速度不得超过 140 km/h。

（5）编入列车的国际铁路联运车辆，应符合国际铁路联运有关车辆交接技术条件。

（6）运用中的车辆应按规定的周期检修。扣修和出入厂、段的车辆应建立定时取送制度，并纳入车站日班计划。

（7）动车组以外的列车自动制动机应按下列规定进行试验。

① 全部试验

a）货车列检对解体列车到达后施行一次到达全部试验，对编组列车始发前施行一次始发全部试验，对有调车作业中转列车到达后首先施行到达全部试验，发车前只施行始发全部试验中的漏泄试验；

b）货车特级列检和安全保证距离在 500 km 左右的一级列检对无调车作业中转列车始发前施行一次始发全部试验；

c）无列检作业场车站始发的列车，在途经第一个列检作业场进行无调车中转技术检查作业时施行一次始发全部试验；

d）列检作业场对运行途中自动制动机发生故障的到达列车；

e）旅客列车库内检修作业；

f）在有客列检作业的车站折返的旅客列车。

站内设有试风装置时，应使用列车试验器试验，连挂机车后只做简略试验。对装有空气弹簧等装置的旅客列车应同时检查辅助用风系统的泄漏。

② 简略试验

a）货车列检对始发列车、中转作业列车连挂机车后；

b）客列检作业后和旅客列车始发前；

c）更换机车或更换机车乘务组时；

d）无列检作业的始发列车发车前；

e）列车软管有分离情况时；

f）列车停留超过 20 min 时；

g）列车摘挂补机，或第一机车的自动制动机损坏交由第二机车操纵时；

h）机车改变司机室操纵时；

i）单机附挂车辆时；

j）列车进行摘、挂作业开车前。

在站简略试验：有列检作业的由列检人员负责，无列检作业的由车辆乘务员负责，无车辆乘务员的由车站人员负责。挂有列尾装置的列车由司机负责（挂有列尾装置的旅客列车，始发前、摘挂作业开车前及在途中换挂机车站、客列检作业站，有列检作业的由列检人员负责，无列检作业的由车辆乘务员负责）。

③ 持续一定时间的全部试验

有列检作业场的车站发出的货物列车运行前方途经长大下坡道区间的，在始发、中转作业时应进行持续一定时间的全部试验，列检应填发制动效能证明书交给司机；在有列检作业场车站至长大下坡道区间间的各站始发或进行摘挂作业的列车，是否进行持续一定时间的全部试验并填发制动效能证明书交给司机，由铁路局规定。具体试验和凉闸的地点、办法，由铁路局规定。

旅客列车出库前应进行持续一定时间的全部试验，在接近长大下坡道区间的车站，是否进行持续一定时间的全部试验，由铁路局规定。

长大下坡道为：线路坡度超过 6‰，长度为 8 km 及以上；线路坡度超过 12‰，长度为 5 km 及以上；线路坡度超过 20‰，长度为 2 km 及以上。

（8）动车组制动试验规定：

① 动车组在出段（所）前或折返地点停留出发前需要进行全部制动试验，一级检修作业后的动车组在出发前不再进行全部制动试验；

② 动车组列车在始发前需在操纵端进行简略制动试验；

③ 动车组列车更换动车组司机（同向换乘除外）或操纵端后，需进行简略制动试验；

④ 动车组列车在途中重联或解编后，开车前需在操纵端进行简略制动试验；

⑤ 动车组列车使用紧急制动停车后，开车前需进行简略制动试验；

⑥ 动车组在采用机车救援、无动力回送联挂机车或回送过渡车时，按动车组无动力回送作业办法进行制动性能确认。

（9）车辆上翻车机前和翻卸后，以及进入解冻库前和解冻后，必须由所在地车辆段派列检人员对车辆进行技术检查，对解冻后车辆进行制动机性能试验。具体技术检查作业地点由铁路局规定。

（10）货物列车在编组站、区段站发车前，有关人员应做到：

货运检查人员应认真执行区段负责制，按规定检查列车中货物装载、加固、施封及篷布苫盖状态，以及车辆的门窗关闭情况，发现异状时，应及时处理。对无列检作业的车站，还应检查自动制动机的空重位置，不符合时应进行调整。

车号人员应按列车编组顺序表核对现在车和货运票据，无误后，按规定与机车乘务员办理交接。

列检人员检查车辆，发现因货物装载超载、偏载、偏重、集重引起技术状态不正常时，应及时通知车站处理；车辆自动制动机的空重位置不符合时，应进行调整。

（11）动车组不办理编组顺序表交接。动车组以外的旅客列车编组顺序表按以下规定办理交接：

① 在始发站由车站人员按列车编组顺序表核对现在车，无误后，与司机办理交接。

② 中途换挂机车时，到达司机与车站间、车站与出发司机间办理交接。仅更换机车乘务组时，机车乘务组之间办理交接。

③ 途中摘挂车辆时，车站负责修改列车编组顺序表。

④ 列车到达终到站后，司机与车站办理交接。

车站与司机的交接地点均为机车停留位置。

A.2 关于调车工作的规定

一、普速调车作业的基本要求、规定和方法

1. 一般要求

（1）车站的调车工作，应按车站的技术作业过程及调车作业计划进行。参加调车作业的

人员应做到：

① 及时编组、解体列车，保证按列车运行图的规定时刻发车，不影响接车；

② 及时取送客货作业和检修的车辆；

③ 充分运用调车机车及一切技术设备，采用先进工作方法，用最少的时间完成调车任务；

④ 认真执行作业标准，保证调车有关人员的人身安全及行车安全。

（2）调车工作要固定作业区域、线路使用、调车机车、人员、班次、交接班时间、交接班地点、工具数量及其存放地点。

作固定替换用的调车机车及小运转机车，应符合调车机车的条件（有前后头灯、扶手把、防滑踏板等）。

（3）调车工作繁忙、配线较多的车站，可划分为几个调车区。

没有做好联系和防护，不准越区或转场作业。

调车机车越区作业的联系和防护办法，应在《站细》内规定。

（4）使用机车进行调车作业时，应采用无线调车灯显设备（机车摘挂、转线等不进行车辆摘挂的作业，列车在到达线路内拉道口、直接后部摘车除外），并使用规定频率，其显示方式须符合有关要求。无线调车灯显设备应与列车运行监控装置配合使用。

无线调车灯显设备正常使用时停用手信号，对灯显以外的作业指令采用通话方式；无线调车灯显设备发生故障时，改用手信号作业。

无线调车灯显设备、无线调车机车信号和监控系统的使用、维修及管理办法由铁路局规定。

（5）动车段（所）设动车组地勤司机，负责动车组在动车段（所）内调车、试运行等调移动车组作业。

2. 领导及指挥

（1）车站的调车工作，由车站调度员（未设车站调度员的由调车区长，未设调车区长的由车站值班员）统一领导。分场（区）时，各场（区）的调车工作，由负责该场（区）的车站调度员或该场（区）的调车区长领导。

动车段（所）调车工作的领导及指挥由铁路局规定。

（2）调车作业由调车长单一指挥。利用本务机车进行调车作业时，可由车站值班员或助理值班员担任指挥工作。遇有特殊情况，可由经鉴定、考试合格取得调车长资格的胜任人员代替。

（3）调车长在调车作业前，必须亲自并督促组内人员充分做好准备，认真进行检查。在作业中应做到：

① 组织调车人员正确及时地完成调车任务；

② 正确及时地显示信号（发出指令），指挥调车机车的行动；

③ 负责调车人员的人身安全和行车安全。

（4）司机在调车作业中应做到：

① 组织机车乘务人员正确及时地完成调车任务；

② 负责操纵调车机车，做好整备，保证机车质量良好；

③ 时刻注意确认信号，不间断地进行瞭望，认真执行呼唤应答制，正确及时地执行信号显示（作业指令）和调车速度的要求，没有信号（指令）不准动车，信号（指令）不清立即停车；

④ 负责调车作业的安全。

3. 计划及准备

（1）调车领导人应正确及时地编制、布置调车作业计划。布置调车作业计划，应使用调车作业通知单。中间站利用本务机车调车，应使用有示意图的调车作业通知单（示意图可另附）。使用无线调车灯显设备的车站，调车作业计划布置方法，由铁路局规定。

列车在到达线路内拉道口、对货位、直接后部摘车、本务机车（包括重联机车、补机）摘挂及转线、企业自备机车进入站内交接线整列取送作业，可不使用调车作业通知单。

自轮运转特种设备调车作业是否需要使用调车作业通知单由铁路局规定。

调车领导人与调车指挥人必须亲自交接计划。由于设备原因，亲自交接计划确有困难以及设有调车作业通知单传输装置的车站，交接办法在《站细》内规定。

调车指挥人应根据调车作业计划制定具体作业方法，连同注意事项，亲自向司机交递和传达；对其他有关人员，应亲自或指派连结员进行传达。具体传达办法，在《站细》内规定。

调车指挥人确认有关人员均已了解调车作业计划后，方可开始作业。

动车段（所）调车工作的计划编制及下达办法由铁路局规定。

（2）一批作业（指一张调车作业通知单）不超过三钩或变更计划不超过三钩时，可用口头方式布置（中间站利用本务机车调车除外），有关人员必须复诵。变更股道时，必须停车传达。仅变更作业方法或辆数时，不受口头传达三钩的限制，但调车指挥人必须向有关人员传达清楚，有关人员必须复诵。

驼峰解散车辆，只变更钩数、辆数、股道时，可不通知司机，但调车机车变更为下峰作业或向禁溜线送车前，须通知司机。

（3）调车作业必须做好下列准备：

① 提前排风、摘管，核对计划，确认进路，检查线路、道岔（集中联锁区除外）、停留车及车辆防溜等情况；

② 人力制动机的选闸、试闸，系好安全带；

③ 准备足够的良好制动铁鞋和防溜器具；

④ 无线调车灯显设备试验良好。

4. 调车作业

（1）调车作业时，调车人员必须正确及时地显示信号；机车乘务人员要认真确认信号，并回示。

推进车辆连挂时，要显示十、五、三车的距离信号，没有显示十、五、三车的距离信号，不准挂车，没有司机回示，应立即显示停车信号。

推送车辆时，要先试拉。车列前部应有人瞭望，及时显示信号。

当调车指挥人确认停留车位置有困难时，应派人显示停留车位置信号。

调车人员不足2人，不准进行调车作业。

（2）在调车作业中，单机运行或牵引车辆运行时，前方进路的确认由司机负责；推进车辆运行时，前方进路的确认由调车指挥人负责，如调车指挥人所在位置确认前方进路有困难时，可指派调车组其他人员确认。

没有看到调车指挥人的起动信号，不准动车（但单机返岔子或机车出入段时，可根据扳道员显示的道岔开通信号或调车信号机显示的允许运行的信号动车）。无扳道员和调车信号机时，调车指挥人确认道岔开通正确（如为集中操纵的道岔，还须与操纵人员联系）后，向司机显示起动信号。

非集中区调车作业时，要认真执行要道还道制度。扳道员之间的要道还道办法及集中区与非集中区间的作业办法，在《站细》内规定。连续溜放和驼峰解散车辆时，第一钩应实行要道还道制度（集中联锁设备除外），从第二钩起，按调车作业通知单的要求扳动道岔。

（3）调车作业要准确掌握速度及安全距离，并遵守下列规定：

① 在空线上牵引运行时，不准超过 40 km/h；推进运行时，不准超过 30 km/h。

② 调动乘坐旅客或装载爆炸品、气体类危险货物、超限货物的车辆时，不准超过 15 km/h。

③ 接近被连挂的车辆时，不准超过 5 km/h。

④ 推上驼峰解散车辆时的速度和装有加、减速顶的线路上的调车速度，在《站细》内规定。经过道岔侧向运行的速度，由工务部门根据道岔具体条件规定，并纳入《站细》。

⑤ 在尽头线上调车时，距线路终端应有 10 m 的安全距离；遇特殊情况，必须近于 10 m 时，要严格控制速度。

⑥ 电力机车、动车组在有接触网终点的线路上调车时，应控制速度，距接触网终点标应有 10 m 的安全距离；遇特殊情况，必须近于 10 m 时，要严格控制速度。

⑦ 旅客未上下车完毕，除本务机车、补机摘挂作业外，不得进行旅客列车（车底）的连挂作业。

⑧ 遇天气不良等非正常情况，应适当降低速度。

（4）禁止溜放的车辆、线路及其他限制：

① 装有禁止溜放货物的车辆；

② 非工作机车、铁路救援起重机、大型养路机械、机械冷藏车、凹型车、落下孔车、客车、动车组和特种用途车；

③ 乘坐旅客的车辆及停有该车辆的线路，停有动车组的线路；

④ 超过 2.5‰坡度的线路（为溜放调车而设的驼峰和牵出线除外）；

⑤ 停有正在进行技术检查、修理、装卸作业车辆及无人看守道口的线路；

⑥ 停有装载爆炸品、气体类危险货物车辆的线路；

⑦ 停留车辆距警冲标的长度，容纳不下溜放车辆（应附加安全制动距离）的线路；

⑧ 中间站正线、到发线及与其衔接而未设隔开设备的线路；

⑨ 调车组不足 3 人时，禁止溜放作业；

⑩ 不准采用牵引溜放法调车。

（5）调车作业摘车时，必须停妥，按规定采取好防溜措施，方可摘开车钩；挂车时，没有连挂妥当，不得撤除防溜措施。

转场或在超过 2.5‰坡度的线路上调车时（驼峰作业除外），10 辆及以下是否需要连结软管及连结软管的数量，11 辆及以上必须连结软管的数量，以及以解散作业为目的的牵出是否需要连结软管，由车站和机务段根据具体情况共同确定，并纳入《站细》。

（6）机车（调车机车除外）、铁路救援起重机、客车、动车组、大型养路机械、凹型车、落下孔车、钳夹车及其他涂有禁止上驼峰标记的车辆禁止通过驼峰。装载活鱼（包括鱼苗）、跨装货物的车辆（跨及两平车的汽车除外）等，是否可以通过驼峰，由车站会同车辆段等有关单位做出具体规定，并纳入《站细》。

如因迂回线故障等原因，机械冷藏车必须通过设有车辆减速器（顶）的驼峰时，以不超过 7 km/h 的速度推送过峰。不得附挂机械冷藏车溜放其他车辆（推峰除外）。

曲线外轨、调车场以外的线路和外闸瓦车、直径 950 mm 及以上的大轮车，严禁使用铁鞋制动。

（7）线路两旁堆放货物，距钢轨头部外侧不得小于 1.5 m。站台上堆放货物，距站台边缘不得小于 1 m。货物应堆放稳固，防止倒塌。

不足上述规定距离时，不得进行调车作业。

（8）手推调车，须取得调车领导人的同意，人力制动机作用必须良好，有胜任人员负责制动。手推调车速度不得超过 3 km/h。下列情况，禁止手推调车：

① 在正线、到发线及超过 2.5‰坡度的线路上（确需手推调车时，须经铁路局批准）；

② 在停有动车组的线路上；

③ 遇暴风雨雪或夜间无照明时；

④ 接发列车时，与接发列车进路没有隔开设备或脱轨器的线路，向能进入接发列车进路的方向；

⑤ 装有爆炸品、气体类危险货物的车辆；

⑥ 电气化区段，接触网未停电的线路上，对棚车、敞车类的车辆。

（9）动车组调车作业时原则上采用自走行方式，并应执行下列规定：

① 司机应在动车组运行方向的前端操作，前方进路的确认由动车组司机负责。在不得已情况下必须在后端操作时，应指派随车机械师或其他胜任人员站在动车组运行方向的前端指挥，发现危及行车或人身安全时，应立即使用紧急停车按钮（紧急制动装置）或通知司机停车。后端操作时，速度不得超过 15 km/h。

② 禁止连挂其他机车车辆（救援机车、附挂回送过渡车、动车组无动力调车时的调车机车、公铁两用牵引车除外）调车。

5. 在正线、到发线上的作业

（1）在正线、到发线上调车时，要经过车站值班员的准许。在接发列车时，应按《站细》规定的时间，停止影响列车进路的调车作业。

（2）接发旅客列车时，与接发列车进路没有隔开设备或脱轨器的线路，不准向能进入接发列车进路的方向调车。本务机车在停留线路内摘挂、列车拉道口时除外。

有特殊困难的车站，确需调车时，制定安全措施，由铁路局批准。

（3）越出站界调车时，双线区间正方向，必须区间（自动闭塞区间为第一个闭塞分区）空闲；单线自动闭塞区间，闭塞系统必须在发车位置，第一个闭塞分区空闲，经车站值班员口头准许并通知司机后，方可出站调车。

单线半自动闭塞区间和双线反方向出站调车时，须有停止使用基本闭塞法的调度命令，与邻站办理闭塞手续，并发给司机出站调车通知书。

（4）跟踪出站调车，只准许在单线区间及双线正方向线路上办理，并须经列车调度员口头准许，取得邻站值班员承认的电话记录号码，发给司机跟踪调车通知书。在先发列车尾部越过预告、接近信号机（或靠近车站的第一个预告标）或《站细》规定的间隔时间后，方可跟踪出站调车，但最远不得越出站界 500 m。

遇下列情况，禁止跟踪出站调车：

① 出站方向区间内有瞭望不良的地形或有长大上坡道（站名表由铁路局公布）；

② 先发列车需由区间返回，或挂有由区间返回的后部补机；

③ 一切电话中断；

④ 降雾、暴风雨雪时；

⑤ 动车组调车作业。

跟踪调车作业完毕，车站值班员确认跟踪调车通知书收回后，向邻站发出电话记录号码。列车虽已到达邻站，但跟踪调车通知书尚未收回时，禁止办理区间开通手续。

（5）车站值班员要认真掌握机车出入段的经路。

有固定机车走行线时，出入段机车必须走固定走行线。机车固定走行线上禁止停留机车车辆。

没有固定走行线或临时变更走行线时，应通知司机经路（集中联锁的车站除外），司机按固定信号或扳道员显示的允许运行的信号行车。

6. 机车车辆的停留

（1）机车车辆必须停在警冲标内方。调车作业中，车辆临时停在警冲标外方时，一批作业完了后，应立即送入警冲标内方。因特殊情况需在警冲标外方进行装卸作业时，须经车站值班员、调车区长准许，在不影响列车到发及调车作业的情况下方可进行，装卸完了后，应立即送入警冲标内方。

安全线及避难线上，禁止停留机车车辆；在超过 6‰坡度的线路上，不得无动力停留机车车辆。

装载爆炸品、气体类危险货物的车辆及救援列车，必须停放在固定的线路上，两端道岔应扳向不能进入该线的位置并加锁；临时停留公务车线路上的道岔也应扳向不能进入该线的位置并加锁。集中操纵的道岔可在控制台上进行单独锁闭。

（2）编组站、区段站在到发线、调车线以外的线路上停留车辆，不进行调车作业时，应连挂在一起，并须拧紧两端车辆的人力制动机，或以铁鞋（止轮器、防溜枕木等）牢靠固定。因装卸车对货位等情况，不能连挂在一起时，应分组做好防溜措施。

中间站停留车辆，无论停留的线路是否有坡道，均应连挂在一起，拧紧两端车辆的人力制动机，并以铁鞋（止轮器、防溜枕木等）牢靠固定。因装卸车对货位等情况，不能连挂在一起时，应分组做好防溜措施。一批调车作业中临时停留的车辆，须拧紧两端车辆的人力制动机或以铁鞋（止轮器）止轮。

编组站和区段站的到发线、调车线是否需要防溜以及作业量较大中间站执行上述规定有困难时，由铁路局规定。

（3）动车组无动力停留时，有停放制动装置的动车组，由司机负责将动车组处于停放制动状态；动车组无停放制动装置或在坡度为 20‰以上的区间无动力停留时，由司机通知随车机械师进行防溜，防溜时使用止轮器牢靠固定。动车段（所）内动车组防溜办法由铁路局规定。

二、高铁调车作业的基本要求、规定和方法

1. 一般要求

（1）车站、动车段（所）的调车工作，应按列车运行图、车站或动车段（所）的技术作

业过程及调车作业计划进行。参加调车作业有关人员应做到：

① 及时办理动车组出入段（所）、转线及车底取送等作业，保证按列车运行图的规定时刻发车，不影响接车；

② 充分运用一切技术设备，采用先进工作方法，用最少的时间完成调车任务；

③ 认真执行作业标准，保证调车有关人员的人身安全及行车安全。

（2）调车作业时，应使用机车综合无线通信设备、调度台（车站）FAS 终端或注册的GSM–R 手持终端进行联系。

使用机车进行调车作业时，应使用无线调车灯显设备（机车摘挂、转线等不进行车辆摘挂的作业除外），并使用规定频率，其显示方式须符合有关要求。无线调车灯显设备应与列车运行监控装置配合使用，无线调车灯显设备的使用、维修及管理办法由铁路局规定。

无线调车灯显设备正常使用时停用手信号，对灯显以外的作业指令采用通话方式；无线调车灯显设备发生故障时，改用手信号作业。

（3）动车段（所）设动车组地勤司机，负责动车组在动车段（所）内调车、试运行等调移动车组的作业。

（4）禁止溜放调车、手推调车和跟踪出站调车作业。

（5）在作业中，调车作业人员须停车上下。

（6）调车作业必须连结全部软管。摘车时，必须停妥，按规定采取好防溜措施，方可摘开车钩；挂车时，没有连挂妥当，不得撤除防溜措施。

（7）调车作业要准确掌握速度及安全距离，并遵守下列规定：

① 在空线上牵引运行时，不准超过 40 km/h；推进运行时，不准超过 30 km/h；动车组后端操作时，不准超过 15 km/h。

② 调动乘坐旅客车辆时，不准超过 15 km/h。

③ 接近被连挂的车辆时，不准超过 5 km/h。

④ 在尽头线上调车时，距线路终端应有 10 m 的安全距离；遇特殊情况，必须近于 10 m 时，要严格控制速度。

⑤ 电力机车、动车组在有接触网终点的线路上调车时，应控制速度，距接触网终点标应有 10 m 的安全距离；遇特殊情况，必须近于 10 m 时，要严格控制速度。

⑥ 旅客未上下车完毕，除本务机车、补机摘挂作业外，不得进行旅客列车（车底）的连挂作业。

⑦ 遇天气不良等非正常情况，应适当降低速度。

（8）调车信号机故障不能开放时，进路准备人员应将相关道岔操纵至所需位置并单独锁闭，在调车进路准备妥当后通知调车指挥人（司机）准许越过故障的调车信号机。

2. 领导及指挥

（1）车站调车作业由列车调度员（由车站负责办理调车进路时为车站值班员或车务应急值守人员）担当调车领导人。分场时的调车工作，由负责该场调车进路的列车调度员（车站值班员或车务应急值守人员）领导。

（2）调车作业由调车长单一指挥，遇有特殊情况，可由经鉴定、考试合格的胜任人员担当指挥工作。动车组自走行调车作业、机车及自轮运转特种设备转线等作业由司机负责，不另设调车指挥人。

（3）调车长在调车作业前，必须亲自并督促组内人员充分做好准备，认真进行检查。在作业中应做到：

① 组织调车人员正确及时地完成调车任务；

② 正确及时地显示信号（发出指令），指挥作业；

③ 负责调车人员的人身安全和行车安全。

（4）司机在调车作业中应做到：

① 组织动车组（机车、自轮运转特种设备）乘务人员正确及时地完成调车任务；

② 负责操纵动车组（机车、自轮运转特种设备），做好整备，保证机车、自轮运转特种设备质量良好；

③ 时刻注意确认信号，不间断地进行瞭望，认真执行呼唤应答制，正确及时地执行信号显示（作业指令）和调车速度的要求，没有信号（指令）不准动车，信号（指令）不清立即停车；

④ 负责调车作业的安全。

（5）动车段（所）调车工作的领导及指挥由铁路局规定。

3. 计划及准备

（1）计划的编制及下达。

① 调车领导人应正确及时地编制、布置调车作业计划。

② 进行有车辆摘挂的调车作业时，应使用有示意图的调车作业通知单（示意图可另附）。

③ 变更调车作业计划时，调车领导人应通知调车指挥人（无调车指挥人时为司机）停止作业，重新编制调车作业计划并下达，待司机和有关人员清楚无误后，方可继续作业。

④ 调车指挥人应根据调车作业计划制定具体作业方法，连同注意事项，亲自向司机交递和传达；对其他有关人员，应亲自或指派连结员进行传达。

⑤ 调车指挥人确认有关人员均已了解调车作业计划后，方可开始作业。

（2）动车组、路用列车及机车、自轮运转特种设备需转线时，司机根据需要向列车调度员（车站值班员或车务应急值守人员）提出申请。列车调度员（车站值班员或车务应急值守人员）可不编制书面调车计划，但须将作业办法、内容和注意事项向司机传达、布置清楚并听取复诵无误，在准备好进路后，通知司机开始作业。

（3）调车作业必须做好下列准备：

① 提前核对计划及相关调度命令，确认进路；

② 进行车辆摘挂、转线的作业，提前检查线路、道岔（集中联锁区除外）、停留车及车辆防溜等情况；

③ 准备足够的良好防溜器具；

④ 无线调车灯显设备试验良好。

（4）动车段（所）调车工作的计划编制及下达办法由铁路局规定。

4. 动车组调车作业

（1）动车组进行调车作业时，原则上采用自走行方式，凭地面信号机的显示运行。

（2）动车组禁止连挂其他机车车辆（救援机车、附挂回送过渡车以及动车组无动力调车时的调车机车、公铁两用牵引车除外）调车。

（3）动车组调车作业时，司机应在运行方向的前端操作，前方进路的确认由司机负责。在不得已情况下必须在后端操作时，应指派随车机械师或其他胜任人员站在动车组运行方向的前端指挥，发现危及行车或人身安全时，应立即使用紧急停车按钮（紧急制动装置）或通知司机停车。

5. 动车组以外的调车作业

（1）调车作业时，凭地面信号机的显示运行。有调车指挥人时，凭调车指挥人的指令及地面信号机的显示运行，没有看到调车指挥人的起动信号，不准动车。

（2）信号显示。

① 调车作业时，调车人员必须正确及时地显示信号；机车乘务人员要认真确认信号，并回示。

② 推进车辆连挂时，要显示十、五、三车的距离信号，没有显示十、五、三车的距离信号，不准挂车，没有司机回示，应立即显示停车信号。

③ 推送车辆时，要先试拉。车列前部应有人瞭望，及时显示信号。

④ 当调车指挥人确认停留车位置有困难时，应派人显示停留车位置信号。

（3）除机车、自轮运转特种设备转线外，调车作业应有足够的调车人员。

① 施工路用列车、自轮运转特种设备调车作业时，由施工（使用）单位或所属单位提供调车动力和调车人员，具体办法由铁路局规定。其他调车作业，由车站人员担当调车人员或列车调度员指定单位派调车人员。

② 调车人员不足 2 人，不准进行调车作业。

（4）调车作业中，机车、自轮运转特种设备运行或牵引车辆运行时，前方进路的确认由司机负责；推进车辆运行时，前方进路的确认由调车指挥人负责，如调车指挥人所在位置确认前方进路有困难时，可指派调车组其他人员确认。

6. 在正线、到发线上的作业

（1）在正线、到发线上调车时，须经过列车调度员（车站控制时为车站值班员）准许。

（2）接发列车时，应按高速铁路《行车组织细则》规定的时间，停止影响列车进路的调车作业和对列车运行安全有影响的其他作业。

（3）接发旅客列车时，与接发列车进路没有隔开设备或脱轨器的线路，不准向能进入接发列车进路的方向调车。本务机车在停留线路内摘挂除外。

（4）同一股道只允许一端调车作业，禁止两端同时向同一股道排列调车进路。

（5）调车作业中，应执行钩钩联系制度：每钩作业前，司机（调车指挥人）应主动向列车调度员（车站负责办理调车进路时为车站值班员或车务应急值守人员）请求进路；进路准备妥当后，列车调度员（车站值班员或车务应急值守人员）方可通知司机（调车指挥人）。

（6）越出站界调车。

① 越出站界调车时，必须区间（自动闭塞区间正方向为第一个闭塞分区）空闲，单线区间闭塞系统必须在发车位置；由列车调度员发布准许越出站界调车的调度命令后，方可进行。

② 越出站界调车期间，相邻站（线路所）禁止向该区间放行列车。越出站界调车作业完毕，司机或调车指挥人应报告列车调度员（车站负责办理调车进路时为车站值班员或车务应急值守人员）。车站值班员、车务应急值守人员应及时报告列车调度员，列车调度员通知两端站（线路所）后方可组织行车。

③ 需在未设调车信号机的线路上调车作业时，根据需要可按越出站界调车作业办理，办

理列车进路（进、出站信号机常态为灭灯时，应点灯），由列车调度员发布准许越出站界调车的调度命令，司机根据调度命令和进、出站信号机的显示进行调车作业。

7. 机车车辆的停留规定

（1）机车车辆停留。

① 有动车组以外的旅客列车上线运行的高速铁路，在动车组运行时段，除动车组、旅客列车车底及本务机车外，车站正线、到发线不应停留其他机车车辆。特殊情况下确需在到发线停留时，由铁路局制定相应安全措施。

② 仅运行动车组列车的高速铁路，在动车组运行时段，车站正线、到发线不应停留动车组以外的其他机车车辆。特殊情况下确需在到发线停留时，由铁路局制定相应安全措施。

③ 临时停留公务车线路上的道岔应开通不能进入该线的位置并加锁。集中联锁的道岔可在控制台上进行单独锁闭。

④ 安全线上禁止停留机车车辆。

（2）机车车辆防溜。

① 动车组防溜

a）动车组无动力停留时，有停放制动装置的动车组，由司机负责将动车组处于停放制动状态；动车组无停放制动装置或在坡度为 20‰以上的区间无动力停留时，由司机通知随车机械师进行防溜，防溜时应使用铁鞋牢靠固定。

b）重联动车组在设置铁鞋（止轮器）防溜时，仅设置前列。

c）如需在同一股道内停留两列不重联的动车组时，两列动车组间应间隔不小于 20 m 的安全防护距离（动车段、动车所内的股道除外），并分别做好防溜。

d）动车段（所）内动车组防溜办法由铁路局规定。

② 车辆防溜

a）车辆在车站停留时，应连挂在一起，拧紧两端车辆的人力制动机，并以铁鞋牢靠固定。特殊情况下分组停放时，应分别采取防溜措施。

b）一批作业中临时停留的车辆，须拧紧两端车辆的人力制动机或以铁鞋止轮。

c）调车作业实行“谁作业、谁防溜（撤除）”的原则，防溜措施的设置和撤除由调车人员（机车及自轮运转特种设备为司机，其他无调车人员的为设备使用单位人员）负责。

③ 机车及自轮运转特种设备在车站停留时，由司机负责将其保持制动（防溜）状态，并按规定采取止轮措施。

④ 施工路用车辆及自轮运转特种设备需在车站停留时，使用单位应派人负责看守。其他车辆在车站到发线停留时，由车站人员（车务应急值守人员或其他胜任人员）对其防溜措施进行检查、确认。

8. 防溜器具管理

（1）车站行车室必须配备足够良好的防溜器具，由车站值班员（车务应急值守人员）负责保管和交接。有关作业人员领取、使用、交回时，须办理登记交接手续，领取（交回）人与保管人共同清点数量、编号无误，确认状态良好后分别签认。

（2）车站值班员（车务应急值守人员）须在行车室对停留车及其防溜情况进行揭示。作业人员采取或撤除防溜措施后，应立即告知车站值班员（车务应急值守人员），一批作业结束后双方进行签认。

参考文献

［1］韩小平．车站作业计划与统计．北京：中国铁道出版社，2013.
［2］刘婉玲，代明莉，石瑛，等．车站作业计划与统计．成都：西南交通大学出版社，2013.
［3］铁路职工岗位培训教材编审委员会．连结员．北京：中国铁道出版社，2011.
［4］铁路职工岗位培训教材编审委员会．车站调度员．北京：中国铁道出版社，2011.